THE SECRET GARDEN

花 境 祕 遊

立體花朵
刺繡飾品集

アトリエFil ◎著

花朵，及一切有生命之物，
綻放出的瞬間美麗，都將停留在手中

在庭院或野外綻放，既清新又楚楚可憐的花朵；
樹木上五彩繽紛的葉片；悄悄躲在草木陰影下的蟲子們……
將它們在某一瞬間的美麗，化作立體刺繡，停留在手中吧！

正因為是小巧的花朵，為了無損其纖細的自然之美，
必須徹底觀察之後，仔細地製作。
花瓣上毫不做作的漸層色彩、葉片細微的陰影表現，
都是一針　線刺繡才能打造出來的效果。
初次見到這些飾品的人，
往往會非常吃驚地說：「這是以刺繡作出來的？」
將鐵絲縫在布料上，刺繡後，再將每個分開的零件組合在一起，
就能製出這些立體花朵。
一片布料，變得像是一朵真花，令人既開心又驚訝，
在一針一線刺繡的時間及過程當中，希望大家都能因此而感到開心。

書中除了介紹別針、耳環等飾品，
也收錄了室內擺設用的雜貨，
請以不同形式的作品呈現欣賞創意。
希望我們手上這朵盛開的花，
能夠妝點您的生活，成為您眼中最美麗的那一朵。

アトリエ Fil

PART 2
立體刺繡の
花卉雜貨

PART **1**

以立體刺繡打造
小巧花朵

本書介紹20種小巧卻表情豐富、
且精緻纖細的立體刺繡植物。
以宛如親手培育植物的心情,
一針一線緩緩地繡出這些花朵吧!

OLD ROSE

[古典玫瑰]

PAGE 58

這是在主流的玫瑰當中，特別具有質樸又柔和氣氛的古典玫瑰。繡好兩片花瓣及花萼之後再組裝，是初學者需要細心處理的一項作品。

CHRISTMAS ROSE

[聖誕玫瑰]

PAGE 60

花名為「基督降臨」之意。雖然真實的花
朵中，也有紫色或黑色這類花色，但我嘗
試使用了帶有神聖感的白色，搭配綠色作
成漸層。重點是給花莖一個大大的弧度，
讓花朵稍微垂下頭。

SNOWDROP

[雪花蓮]

PAGE 62

一朵朵朝下望著的小花朵，宛如裝飾燈一般的花朵姿態。使用的絲線顏色並不多，因此非常適合作為新手的作品。將繞了線的木珠子，作成圓滾滾的花萼。

VIOLET
[紫羅蘭]

如同花語「少女的戀情」，紫羅蘭是有著
許多顏色且惹人憐愛的花。由於非常小
巧，也推薦給新手創作。圖片中除了紫色
及黃色以外，也擺上了許多不同的顏色。

COMMON CHAMOMILE

[洋甘菊]

PAGE 64

洋甘菊，在白色纖薄的花瓣中心，有個較大的黃色花蕊，楚楚可憐。以繡線作成的小小毛球作為花蕊，花瓣則使用較薄的歐根紗刺繡。

粉橘色的溫和色調，更加凸顯出蛋型的圓
潤花型。葉子以兩種綠色交替使用，以緞
面繡繡滿整片葉片。重點在於將數根鐵絲
捆起，讓花莖看起來粗一些。

TULIP
[鬱金香]

PAGE 66

EGYPTIAN ROSE

[藍盆花]

PAGE 68

此花在高原花田中，迎風搖擺的姿態廣為
人知，是帶給人清爽感的人氣花朵。我設
計了紫色與藍色的花朵。那零零落落、個
性十足的花蕊，就以較寬的環扣繡針法表
現。

MIMOSA

[金合歡]

PAGE 69

在歐洲，據說有著亮麗黃色花朵的金合
歡，象徵春天。以鐵絲將小小的毛線球相
連，葉子的部分則將兩隻鐵絲捆上絲線，
使用的是編織手法。

CROCUS

[鳶尾花]

PAGE 65

在春天庭院當中群聚而生的美麗球根花朵，但就算只有一朵，也飄邊著它凜然高傲的氣氛。花朵疊了兩種形狀的花瓣，細長尖銳的葉片使用編織手法製作。

DOGWOOD
[大花山茱萸]
PAGE 71

由4月至5月新綠季節時妝點街道的花朵。看起來像是花瓣的部分，其實是巨大的花苞。粉紅色使用三種顏色的絲線打造漸層，白色則只在花朵尖端稍微繡上一些粉紅色。

WILD STRAWBERRY

[野草莓]

PAGE 72

有著小小果實的野草莓。將偌大的葉片、惹
人憐愛的白色小花、紅色果實，三種零件分
別作好之後再組裝。果實是以繡線繡在塞了
棉花的不織布上。

LILY OF THE FIELD

[銀蓮花]

PAGE 74

大方又華美的銀蓮花，推薦作成穩重成熟的色調。將珍珠花蕊捲在毛球上作成花蕊，有著不輸給真花的精密度，請仔細製作。

COSMOS
[波斯菊]
PAGE 76

COSMOS
ATROSANGUINE
[巧克力波斯菊]
PAGE 77

由於波斯菊是會大片綻放的花朵，因此要
作得像是真花一樣，最好是能將好幾朵花
及花苞和葉片都捆在一起。在此忠實呈現
波斯菊與巧克力波斯菊不同形狀的葉片。

COLORED
LEAVES

[變色葉片]

PAGE 78

由於沒有必要作得非常立體，因此是初學
者也能輕鬆製作的作品。楓葉、銀杏、槲
樹等，宛如以手拿起這些變色的葉片，試
著用各種顏色刺繡這些葉片吧！

Foto H. Jahn

...) in der Moosschicht des herbstlichen Nadelwaldes

Foto H. Grenzemann

t. Waldrand

MISTLETOE

[槲寄生]

PAGE 80

聖誕節時，要在槲寄生的樹枝下接吻，這
是歐美浪漫風俗，因此槲寄生廣為人知。
將許多厚度十足的小葉片及圓形果實結
合，並且試著重現那枝節分明的樣貌吧！

STACHYS
BYZANTINE

[綿毛水蘇]

PAGE 82

FLANNEL
FLOWER

[雪絨花]

PAGE 81

雪絨花的花瓣被白色絨毛覆蓋，有著溫和
的花貌。搭配上有著銀白色絨毛的綿毛水
蘇。葉片使用繡線搭配非常細的毛海毛線
刺繡。

CAMELLIA

[山茶花]

PAGE 83

凜然的花朵外貌，即使只有一朵，也魄力
十足。大大展開的花瓣，以白色為基底，
添加了一點紅色繡在當中。光澤亮麗的葉
片也是山茶花的特徵之一，試著作了一片
用來搭配。

BERRY

[莓果]

PAGE 85

綠色的穗莢蒾、紫色的菱葉常春藤、紅色
的光葉莢蒾及薔薇果。所有的果實都是以
繡線纏繞木珠製成的。只有一束的時候，
拿來作成別針也十分別緻。

PART 2

立體刺繡の
花卉雜貨

每一朵仔細製成的花朵，
多加一些功夫，完成一項很棒的小東西吧！
只要以鍾愛的顏色，作出喜愛形狀的花朵，
就能完成全世界僅有一個，
只屬於你的花卉雜貨。

CORONAL

[我願意]

PAGE 87

宛如新娘花冠一般的頭飾，主角花朵是活潑可愛的白色紫羅蘭。以白色及米色漸層構成的六朵可愛小花，不留空隙的固定在底座上，就成了宛如蕾絲一般的輕巧裝飾。

在歐洲，「薔薇之下」似乎是指「祕密」的意思。將花語為「優雅」、「穩重」的粉紅色薔薇作成吊飾，正適合用來搭配大人的祕密約會。

KEYLING

[在薔薇之下]

PAGE 88

有著棕色色調、幽靜的巧克力波斯菊，加
上小小的髮梳作成了髮飾。與其花語『戀
情的回憶』十分相符，是能讓成熟女性用
來束起髮絲用的飾品。

HAIR COMB
[些微苦澀的回憶]

PAGE 88

BRACELET

[採花之人]

PAGE 89

瑪莉·安東尼的王子夏爾，據說曾經摘花
送給被幽禁的王妃。裝飾在緞帶上的是銀
蓮花及藍盆花。將自己喜愛的花朵組合在
一起，作成宛如花束的腕帶。

EARRING

[慰藉]

PAGE 89

雪花蓮的花語是李斯特的名曲「慰藉」，
因此作成了能隨著音樂搖擺的耳飾。P.9
的花朵以絲線纏繞木珠作成的花萼，在這
裡就以棉真珠代替。

BROOCH

[屏氣止息]

PAGE 90

將在下雪的平安夜，製成情侶們吐出白色氣息樣貌的槲寄生，作成別針。以白銀色的絲線打造，就不必刻意挑選服裝或場景才能搭配。不管是只有一枝，或者綁成一束都非常美。

OBIDOME

[瑪丹娜]

PAGE 90

就像是夏目漱石『少爺』小說中的瑪丹娜會穿在身上，有著沉穩色調的山茶花帶留。以單一紅色繡成的山茶花，點綴以紅色及金色繡線纏繞的木珠子搖擺。

LARIAT

[我的庭院]

PAGE 91

據說洋甘菊會飄盪著蘋果芬芳,因此白
色蝴蝶宛如受到邀請而前來。試著以英
國庭院的概念,設計了這一款頸繩。

CORSAGE

[黎明]

PAGE 92

據說在歐洲，鳶尾花及金合歡都是告知春天來臨的花朵，因此試著作成了小小的胸花。任何花朵都可以設計成胸花。可以將自己喜愛的兩三朵花綁成一束，加上別針就完成了！

「幸福」正是野草莓的花語。宛如隨著
「僅此一次」的歌聲，希望小小的幸福能
降臨到這雙手上，因此作成了戒指。將果
實設計成能夠在指尖上晃動的樣子。

RING
[僅此一次]
PAGE 92

GARLAND

[Primavera（春季）]

PAGE 93

波提且利的繪畫作品當中，最為有名的
「Primavera」，在義大利文裡就是「春
季」的意思。將薔薇及紫羅蘭，以溫和色
調搭配在一起，作成花朵盛開的花環。可
以搭配自己喜愛的花朵與葉片，以緞帶相
連。

AND MORE...

[小小的博物館展示]

PAGE 94

花金龜

白粉蝶

紋黃蝶

由這朵花飛到另一朵花,又悄悄隱身花間。以與製作花朵相同的要領,也能作出可愛的昆蟲們,與花朵搭配在一起裝飾,可愛度倍增。

HOW TO MAKE
製作方式

將鐵絲沿著布料輪廓固定之後,在布上刺繡,再將零件立體組合,即完成立體刺繡花朵。這是將從前歐洲流傳的「Stumpwork」(※Stumpwork:填充棉襯或毛氈布的立體刺繡)。此種刺繡手法加以改良之後,所創造出的全新手法。刺繡在布料上、切割下來、重新組裝,基本上所有花朵都是這樣的步驟。首先請參考P.44~P.49的紫羅蘭,學習以立體刺繡製作美麗花朵的方法吧!

《表格與圖案的閱讀方式》

意思是使用3865與772兩色絲線各一條,作為雙線刺繡

繡線材料&配色表

			A	B
花瓣	第 1 層	DMC25號繡線	3865 (2)	3865 (2)
	第 2 層	DMC25號繡線	3865 (1)＋ 772 (1)	3865 (2)
	第 3 層	DMC25號繡線	772 (2)	3865 (2)
	第 4 層	DMC25號繡線	907 (1)	772 (1)
葉片	第 1 層	DMC25號繡線	935 (2)	
	第 2 層	DMC25號繡線	937 (1)	
	葉　脈	DMC25號繡線	935 (1)	
莖		DMC25號繡線	3363 (4)	

＊( ) 內為絲線股數

各零件使用的絲線與配色。本書當中使用的是DMC25號繡線。號碼是顏色編號;( )內是絲線股數。表格對照下方的原寸圖案。
＊固定鐵絲、以及以釦眼繡收拾輪廓時,使用與第1層相同顏色的單股繡線。

《原寸圖案閱讀方式》

右圖是為了製作花瓣或葉片等,使用的零件原寸圖案。將這個圖案輪廓描在布料上,進行刺繡。圖上寫有要使用的絲線顏色編號與針法。
＊具有不同顏色作品的圖案,基本上以「繡線材料&配色表」的A為基本色。配色作品或A以外的作品請參考配色表。
＊一朵花當中會變換花瓣顏色的作品,請參考圖案與配色表內的a~c記號配色(如P.58「古典玫瑰」等)。

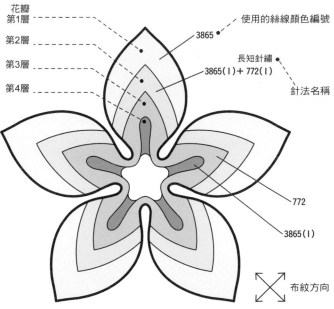

花瓣
第1層
第2層
第3層
第4層

3865 ● 使用的絲線顏色編號

長短針繡 ●
3865(1)＋ 772(1) 針法名稱

772

3865(1)

布紋方向

TOOLS
―工具―

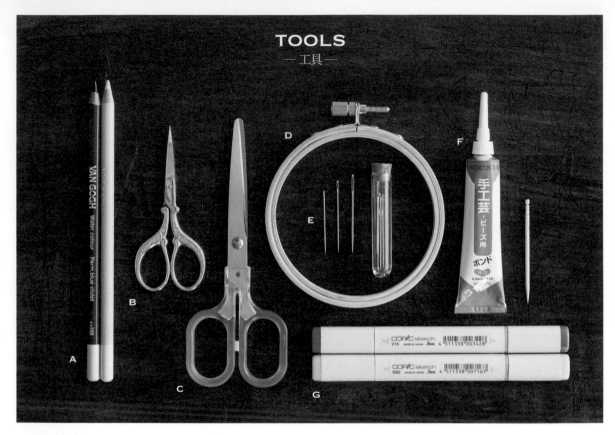

A. 彩色鉛筆
用於將圖案轉印到到布料上時。可以選擇與使用絲線相近的顏色，或者描繪時比較容易看清楚的顏色。

B. 手工藝用剪刀
用於剪裁刺繡的布料。請選擇尖端纖細、能夠將細緻處也剪好的銳利剪刀。

C. 工作用剪刀
用來剪鐵絲或者彈性黏著緞帶。為了在剪鐵絲等堅硬物品時能輕鬆一點，請選擇刀刃為硬質金屬的剪刀。

D. 繡框
這是用來拉開布料，讓布料較容易刺繡的工具。尺寸非常多種，推薦使用直徑大約10至12cm，能夠單手拿著的繡框。

E. 繡針
本書當中的刺繡使用法國繡針。若要作果實（捲線球）的時候，推薦使用針頭稍帶弧度的十字繡用針。

F. 手工藝用黏膠
用來將花瓣與花蕊貼合。請先準備能夠黏貼布料，也能夠黏貼珠子的手工藝品用膠。

G. 麥克筆
用來塗抹刺繡之間的縫隙，或者為花蕊上色等。推薦使用COPIC等發色良好的設計圖用麥克筆，亦可使用壓克力顏料。

MATERIALS
―材料―

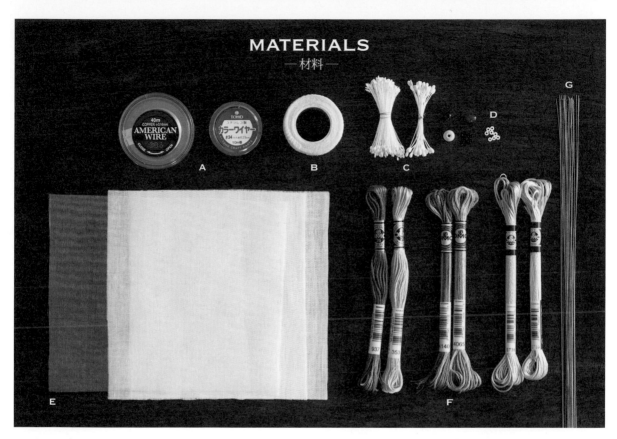

A. 不鏽鋼鐵絲
用來作為花瓣或葉片輪廓的芯
梗。本書當中主要使用#30、34。
若是非常薄的花瓣,會使用美國
鐵絲#34。

B. 彈性黏著繃帶
用來製作花蕊時,能夠幫上大
忙。黏著力強,只要捲起來就可以
當花蕊,非常方便的繃帶,可以在
藥局等處買到。

C. 珍珠花蕊
主要是用來當作花蕊。這是假花
材料,有一般的珍珠花蕊、也有野
玫瑰花蕊等。會搭配作品以麥克
筆上色使用。

D. 珠子
將木珠包裝成小小果實;或者當
成莓果類的捲軸使用。小圓尺寸
的彩色珠子也可以直接作為花
蕊。

E. 布料
主要使用容易刺繡的平織麻布。
《麻布 薄款》用在波斯菊等較小
又給人柔和印象的花朵。

《麻布 中厚》想要重現銀蓮花或
薔薇等,稍帶分量的花瓣時可使
用。
《歐根紗》想呈現洋甘菊或藍盆
花等透明感時。

F. 繡線
基本上使用的是最受歡迎的25號
繡線。不同作品可能為了呈現光
澤感而使用緞面線。

G. 包線鐵絲
這是外層有包紙的假花用鐵絲。
製作花莖或葉片時,會使用綠色
的款式。本書當中大多使用#26、
28、30。

HAVE FUN!
立體刺繡の
花朵完工步驟

①

刺繡花瓣圖樣
PAGE 44

將鐵絲縫在輪廓上，以繡線繡滿
花瓣的圖樣。一段段更換顏色作
成漸層的樣子，能夠更加表現出
花朵纖細的樣貌。

完成了！

②

以剪刀剪下零件
PAGE 48

繡好花瓣或葉片之後，沿著輪廓
剪下。刺繡最後要繡上收毛邊用
的針法，因此不會散開，能成為一
個漂亮的零件。

③

製作花蕊&花莖
PAGE 48

要表現出花朵真實樣貌，最重要
的就是花蕊及花莖。完成之後，將
所有零件組合在一起，成為一朵立
體花朵。

立體刺繡の基本技法
1
基本針法

本書中使用的針法共有七種。用來填補花朵及葉片圖案的是長短針繡；為了加強輪廓則會繡上釦眼繡。都是一些非常容易記住、十分基本的刺繡針法。

直線繡

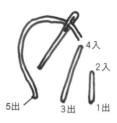

4入
2入
5出
3出
1出

緞面繡

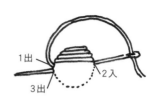

1出
2入
3出

長短針繡

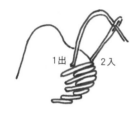

1出
2入

輪廓繡

1出
3出
2入

釦眼繡

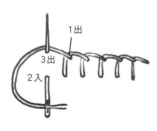

1出
3出
2入

釘線繡

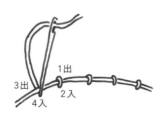

1出
3出
2入
4入

環扣繡

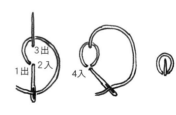

1出
3出
2入
4入

立體刺繡の基本技法

2
打造小巧花朵

立體刺繡的花朵，是以繡線在布料上，繡每個不同零件的圖樣，再沿著輪廓將布料剪下，最後再以花蕊及花莖為中心組成一朵完整的花卉。所有作品都是相同的步驟。下方就以最適合推薦給初學者的小小紫羅蘭作為範例，詳細解說所有製作步驟。

＊紫羅蘭的材料＆紙型，請參考P.63。

≫將圖案描在布料上

1

布紋請放置為斜的

將花瓣的紙型朝上，放上麻布。此時請注意將布紋擺成斜的，布料及紙型請呈現45度角。

2

以色鉛筆照著紙型描圖，將圖案畫在麻布上。色鉛筆的顏色，可以選用與花瓣要使用的繡線顏色接近者。

≫夾好繡框

3

將繡框的外框拿起，將麻布平放在內框上，鎖上外框，請注意鎖好外框螺絲，務必讓布料非常緊繃。

≫縫上鐵絲

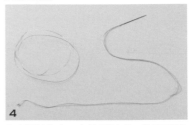

4

取出與花瓣a（P.63）外側算起第一段相同顏色的繡線，以單線穿針，並將線尾打好結。剪下不鏽鋼鐵絲大約30cm左右。

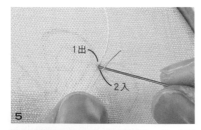

1出

2入

5

將不鏽鋼鐵絲與步驟2的輪廓疊在一起，由背後穿出步驟4中穿好線的針，跨過鐵絲織後，從另一邊入針。若從輪廓是直線的部分開始縫鐵絲，就比較不容易脫離應在的位置。

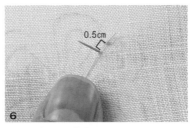

0.5cm

6

沿著輪廓使用釘線繡（P.43）將鐵絲縫在麻布上，針距大約是0.5cm。

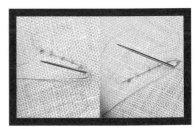

POINT：若輪廓彎曲處不容易縫，就將針距縮小至0.3cm。鐵絲不必以手彎折，只要沿著輪廓縫即可。

7

沿著輪廓縫上一圈鐵絲，縫到起頭處之後，留下1cm並剪斷鐵絲。以0.1cm的針距，將尾端的鐵絲與起頭的鐵絲縫在一起。

8

在背面打結，縫完結束。圖中是已經將鐵絲完全縫好的樣子。

≫開始刺繡

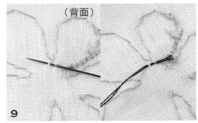

（背面）

9

將花瓣a（P.63）由外側算起第1層要使用的線剪下100cm，以雙線穿針。將繡框翻到背面，在花瓣有弧度處以針挑起2、3針布料，將線拉至剩下約1cm。

≫繡上花瓣的a（P.63）第1層

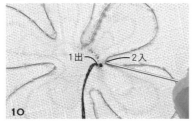

1出　　2入

10

將繡框翻回正面，讓針從花瓣的弧度處出針，跨過輪廓的外側入針。

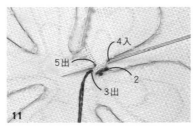

4入
5出
2
3出

11

第一片花瓣，將線從步驟**2**作的第1層記號以及輪廓鐵絲的外側拉過，縫上緞面繡（P.43）。

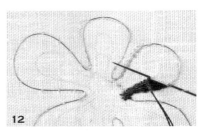

12

弧度處之前靠手邊的這一段，都以緞面繡一路繡下去。

13

到了接近弧度處，使用長短針繡（P.43）進行刺繡。這個針法會長短輪替繡滿圖樣。短針大約是記號之間的三分之二長度。

14

長短針繡的長針腳要拉到記號的略上方處。另外有弧度處的地方，重點是要稍微錯開一點，拉出放射線的角度刺繡。

15

重複繡上長短針繡，圖中為繡好一半花瓣的樣子。

16

重複步驟**11**至**14**，圖片中為第1層的花瓣a，已繡好兩片花瓣的樣子。

（背面）

17

更換絲線顏色。將繡框翻到背面，稍微挑起線，請勿挑到布料，將針穿出。

（背面）

18

不要打結，直接將線頭剪短。此時注意不要剪到繡好的線。若是刺繡完畢或線用完時，也是以此方法處理。

≫更換顏色、繡上花瓣b、c（P.63）的第1層

（背面）

19

準備花瓣b第1層要用的絲線，以步驟**9**的方法處理一開始的線頭。這時請緊鄰步驟**18**刺繡結束處開始刺繡。

1出　　3出
2入

20

將繡框翻回正面，請勿與花瓣a的線之間露出縫隙，要緊鄰著出針，以步驟**10**至**12**的方法進行緞面繡。

21

重複步驟**11**至**14**繡好花瓣b、c。這是第1層都繡完的樣子。

≫繡上花瓣a的第2層

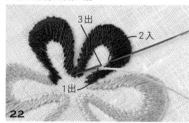

3出
2入
1出

22

準備花瓣a第2層顏色的絲線，以雙線穿針，開始刺繡。
＊圖片中為了使讀者清晰可見，因此使用了其他顏色的絲線。

23

以長短針繡刺繡。可以將第1層針腳的空隙一起填滿。第2層以相同的針距刺繡，讓第1層的線看起來有鋸齒狀的感覺。

24

花瓣a第2層繡完的樣子。

≫更換顏色、刺繡花瓣b、c的第2層

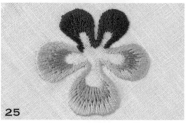

25 準備花瓣b第2層顏色的絲線,使用雙線穿針。以步驟**23**的方法,繡好花瓣b、c的第2層。

≫刺繡第3層

26 準備花瓣a第3層顏色的絲線,使用單線穿針。開始繡第3層。

27 使用長短針繡一路刺繡,可以填補第2層針腳的空隙。

28 花瓣a繡完之後,更換絲線的顏色,繼續使用長短針繡繡好花瓣b、c的第3層。

≫繡中心

29 準備花瓣c第4層顏色的絲線,以單線穿針,使用緞面繡填補空間。

≫繡中心紋路線

30 準備單線的紋路用絲線,在花瓣b上使用直線繡(P.43)繡上紋路線。

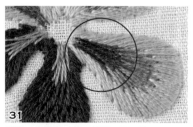

31 花瓣b大約是3、4條;花瓣c則為5條左右紋路線,從中心描繪出放射狀線條。這是繡好一片的樣子。

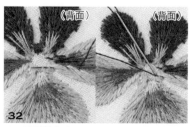

32 將繡框翻到背面,將針從線下穿過去,並從旁邊的花瓣c處出針。

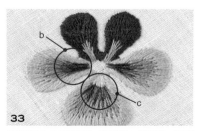

33 以步驟**31**、**32**的方法,將花瓣c、以及另一片花瓣b,都以直線繡繡上紋路線。

≫沿著輪廓刺繡

（背面）

34

準備與花瓣a第1層同色的絲線，以單線穿針。穿過背面的絲線幾圈，使線尾勾在線上。
＊圖片中為了使讀者清晰可見，因此使用了其他顏色的絲線。

3出　　1出

2入

35

將繡框翻回正面，將針從緊貼在花瓣輪廓外側的地方出針，接下來由輪廓內側往外側，連同輪廓上的鐵絲一起挑起一針。

36

一邊挑起輪廓上的鐵絲，一邊間隔0.2cm縫上釦眼繡（P.43）。針距的長度大約是0.2cm左右，刺繡的角度也配合第1層絲線的方向，使其可融合當中。

37

重複步驟36，以釦眼繡將整個輪廓縫滿一圈。絲線的顏色要配合第1層的顏色進行更換（P.45～P.46）。花瓣刺繡完成。

≫將布料裁剪為花朵的形狀

38

將布料從繡框上取下後，沿著花瓣的輪廓，以剪刀將花朵剪下。此時若將剪刀放斜一點，一邊確認輪廓位置一邊剪，就比較不容易傷到繡線。

POINT：花瓣有弧度而不好剪的地方，可以輕輕地以手彎折一下花瓣，一邊以手指推開去剪就比較輕鬆。要注意千萬不要剪到繡好的地方。

（背面）

39

將輪廓外側一圈剪下之後，花瓣便完成。

≫製作花蕊及花莖

40

將#28包線鐵絲對折，將花蕊用的大圓珠穿進去。在花蕊下方將鐵絲以手捏在一起。

花瓣a

41

將鐵絲放在花瓣a上，將珠子對在花瓣表面中心，使用雙線的繡線縫幾圈，將珠子固定在上面。

42

在花瓣背面打好結之後,針先留著放在一邊。

43

讓鐵絲朝上,拿好花瓣。將花瓣往正面中間對折,要夾住珠子及鐵絲。

3出
2入
1出

44

將2片花瓣夾住包線鐵絲,一邊將步驟**42**的線繞在花瓣a的邊緣與鐵絲上,大約2針。由於鐵絲及花瓣a縫在一起,鐵絲就不會再亂動。

捲針縫

45

將縫珠子的地方,也挑線起來與鐵絲縫在一起,大約縫2針。

46

將花瓣打開,以手指調整形狀。使花瓣c稍帶弧度,將花瓣b與花瓣a重疊在一起。

≫調整花莖

47

將鐵絲朝下彎出一個大弧度。

48

將鐵絲靠花那端底部處,稍微塗上一些手工藝用黏膠。

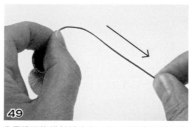

49

為了讓兩條鐵絲貼合在一起,以手指夾著兩條鐵絲,一邊將黏膠往下推開,將鐵絲黏在一起作成花莖,乾燥後即完成。

完成!

從前面看　　從旁邊看

立體刺繡技巧
1
製作葉片&葉莖

以古典玫瑰為範例,解說製作花朵與葉莖的製作方式。

＊古典玫瑰的材料與紙型,請參考P.58。

≫固定鐵絲

在葉片底部讓鐵絲交錯,並以十字縫穩固定。鐵絲不要剪斷,直接留著。

1

以與花瓣相同的要領(P.44 **1～8**),在布料上作好大葉片的記號之後,固定到繡框上。將#30包線鐵絲對折,將折起來的地方對著葉片尖端,使用與第1層相同顏色的絲線的單線穿針,將鐵絲縫到布料上。

＊圖片中為了使讀者清晰可見,因此使用了其他顏色的絲線。

≫刺繡第1層

2

準備第1層要用的絲線,以雙線穿針。以與繡花瓣相同的要領(p.45 **9～18**),使用長短針繡繡完第1層。

≫刺繡第2、3層

3

更換絲線的顏色之後,以雙線的長短針繡繡好第2層。第3層則使用單線的緞面繡繡滿。

≫繡上葉脈

4

準備葉脈用的絲線,以單線穿針。於葉片中央空隙處使用輪廓繡刺繡。

5

準備與第1層同色的絲線,以單線穿針。以與繡花瓣相同的要領(p.48 **34～37**),使用釦眼繡繡好一圈輪廓。

≫將葉片形狀的布料剪下

6

將布料由繡框上取下,沿著葉片輪廓,將布料剪下(p.48 **38～39**)。注意不要剪斷鐵絲,必須將它留下。

POINT:若想要作的更漂亮,可以用麥克筆等工具塗抹輪廓剪過的痕跡。麥克筆可以選用比繡線淺一些的顏色。

7

完成一片葉片的樣子。

≫將絲線固定在葉片底部

8
重複步驟**1～7**，製作一片大葉片、兩片小葉片。

9
準備一條葉莖用的絲線，對折之後將圈圈對準大葉片的底部。

10
將線穿過圈圈，將絲線綁在葉片底部。

≫將絲線繞在葉莖上

≫將葉片疊在一起纏線

11
將絲線纏繞在葉莖上，不要留下空隙。在距離葉片底部大約1.5cm處，以手工藝用黏膠將線黏好。

12
將所有葉片的正面朝上，把兩片小葉片疊在大葉片往下1.5cm處，使用步驟**11**的線將所有鐵絲都纏在一起，作成單一支的葉莖。

1.5cm

13
將絲線往下繼續纏繞葉莖。

≫調整形狀

完成了！

14
等到絲線纏繞到需要的葉莖長度後，將手工藝用黏膠塗在結束處，固定絲線。

15
將兩片小葉片往左右打開，調整形狀。

以古典玫瑰為範例,解說組合花瓣零件的方法。

＊古典玫瑰的材料與紙型,請參考P.58。

≫製作花苞的軸心

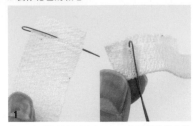

1 將#26包線鐵絲對折,把30cm的彈性黏著繡帶穿過去,使它夾在兩條鐵絲中間。

2 一邊拉著繡帶,一邊將它繞在鐵絲上。注意最後要讓它呈現水滴狀,可將繡帶折成一半來繞。

1.5cm

2cm

3 若製作到一半時繡帶不夠了,請追加繡帶用量。纏繞到成為圖片中指示的大小。

≫製作花瓣零件

4 準備一片小花瓣、一片大花瓣、一片花萼。

≫組合花瓣

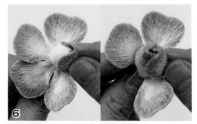

小花瓣(背面)

5 將步驟**3**的花苞軸心鐵絲穿過花瓣中心,並將花瓣推到花蕊的底部。此時要留心必須使小花瓣的背面朝著花蕊方向。

6 將花瓣b的一片包覆在花蕊上,並將另一片花瓣b也如法炮製。以要將兩片結合在一起的方式稍微錯開,就能完整包覆花蕊。

7 調整剩下的三片花瓣形狀,使它們宛如包裹步驟**6**的花蕊外側。

大花瓣(背面)

8 將步驟**7**的鐵絲,以與步驟**5**相同的方式,穿過大花瓣。此時要留心必須使大花瓣的背面朝著花蕊方向。

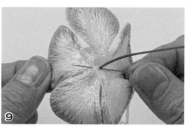

≫加上花萼

花萼

9 將針穿過花蕊,固定所有零件。準備與花瓣中央同色的絲線,以單線穿針,打好結之後,在花朵底部以放射狀縫合固定。

10 將10cm的彈性黏著繡帶對折,一邊捲在花朵底部。這個要拿來當成花萼的底座。

11 將步驟**10**的鐵絲,以步驟**5**的要領穿過花萼。此時要注意花萼的背面必須朝著花朵的方向。

≫調整形狀

12 準備與花瓣中央同色的絲線,以單線穿針,打好結之後,以回針縫將大花瓣與花萼縫在一起。

13 所有零件固定完成。

14 將大花瓣的形狀調整為包裹小花瓣的樣子。

≫組合花朵與葉片

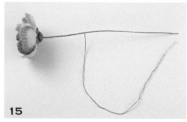

完成了!

15 準備花莖用的絲線,對折後,將線頭穿過線圈,並將線綁在花朵底部,纏繞在鐵絲上。(p.51 **9**～**11**)。

16 準備葉片零件(P.50),一邊觀察花朵與葉片的搭配平衡,一邊將花莖及葉莖放在一起。從疊合處將兩支鐵絲捆在一起,線繞到足夠長度的時候就使用手工藝用黏膠固定線頭,並剪斷花莖。

立體刺繡技巧

3
製作花芯

精巧的花蕊能夠提高立體刺繡的花朵完成度。以下介紹最具代表性的**A B C**三種花蕊製作方式。

A 鬱金香花蕊

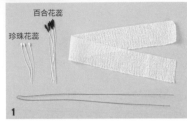

1 使用珍珠花蕊作的花蕊，詳細材料請參考P.66。聖誕玫瑰（P.60）、大花山茱萸（P.71）也使用相同方式製作。

2 將三支珍珠花蕊綁在一起，以手工藝用黏膠固定。

3 以麥克筆（棕色）將鬱金香花蕊前端染色，拿出5支放在珍珠花蕊周圍，以對折成兩半的#28包線鐵絲夾住固定。由上面算起約2.5cm處剪斷多餘的花蕊。

4 拉出20cm的彈性黏著繃帶，一邊折成一半，一邊纏繞在花蕊的底部。

5 將繃帶纏繞成圓錐形的樣子。這是鬱金香花蕊完成的樣子。

B 銀蓮花的花蕊

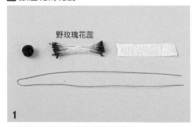

1 使用野玫瑰花蕊貼合製作的款式。詳細材料請參考P.74。山茶花（P.83）也使用相同方法製作。

2 將#26包線鐵絲穿過毛球，在中央處將鐵絲對折。

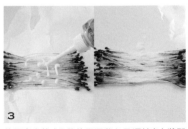

3 使用麥克筆（此款使用深藍色及深棕色）將野玫瑰花蕊兩端都染色，把花蕊攤開來，中央處塗上一層薄薄的手工藝用黏膠。可以在塑膠步上進行此處理，會比較輕鬆。

4

等步驟**3**的黏膠半乾時，在長度約2cm處剪下兩端的花蕊。

5

將剪成一半寬度的彈性黏著繡帶準備7cm，纏繞在步驟**2**的毛球底部，並將步驟**4**的花蕊以手工藝用黏膠固定在繡帶的部份。

6

將步驟**4**剩下的花蕊黏貼在另一邊。這是銀蓮花花蕊完成的樣子。

C ≫野草莓的花蕊

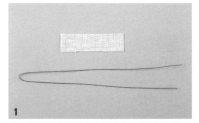

1

將布料弄散之後捲起來的款式。詳細材料請參考P.72。波斯菊（P.76）也是以相同方式製作。山茶花（P.83）的花蕊也可以使用這種方法調整之後製作。

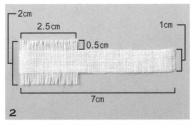

2

將7×2cm的麻布裁剪成如圖片中的樣子，左邊2.5cm段則將上下0.5cm的布料橫線抽出。

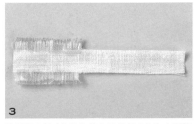

3

使用麥克筆（此款為黃色及黃綠色）為布料染色。中央使用黃綠色，步驟**2**中抽掉橫線的部分則塗上黃色。

4

將布料往中間對折。

5

使用#28包線鐵絲夾住步驟**4**中對折好的布料邊緣，以手工藝用黏膠將布料黏在鐵絲前端，緊緊的將布料捲起來。

6

野草莓花蕊完成的樣子。

立體刺繡技巧
4
製作毛球

此處以金合歡的花朵為範例，介紹毛球的製作方式。詳細材料請參考P.69。洋甘菊（P.64）及雪絨花（P.81）的花蕊也是以相同方式製作。

*金合歡的材料請參考P.69。

1 將長度60cm的繡線準備六股，纏繞在指尖（圖中為食指）上。

2 將線從指尖上取下，注意不要讓它散開，使用#30包線鐵絲夾住絲線。

3 將鐵絲緊緊捆住步驟2絲線捆的中央。

4 將絲線兩端的圓圈圈以剪刀剪開。

5 在鐵絲周遭塗抹薄薄一層手工藝用黏膠，固定中間。

6 將線頭剪齊。

7 以手指捏壓著絲線，一邊剪線頭。從不同方向下剪刀，直到毛球縮小為指定大小的球狀（金合歡需要直徑0.7～1cm）。也可以用指尖揉捏，讓線被搓開。

＼ 完成了！／

<table>
<tr><td>

將絲線纏繞在木珠上作成的線球，使其成為果實的樣子。

</td><td>

1

準備直徑6～8cm左右的木珠。也可以準備與要纏繞的絲線相近顏色者。

</td><td>

2

準備兩條繡線，將線穿針之後，把針穿過木珠。留下10cm線頭。

</td><td>

3

一邊壓著線頭，一邊將針穿進木珠的洞裡，開始將線繞在木珠上。
＊圖片中為了使讀者清晰可見，因此使用了其他顏色的絲線。

</td></tr>
</table>

4

不留任何空隙，將線繞滿珠子一圈之後，將線從洞口剪斷。

5

將#28包線鐵絲的前端凹成U字型，將小圓珠穿過去之後，以手指把鐵絲捏在一起固定。

6

將鐵絲穿過步驟**4**的木珠的洞中，以手工藝用黏膠將鐵絲固定在洞上。

\ 完成了！/

使用編織手法的捲針縫，將線編織在鐵絲上。

1

將單線的繡線對折，將兩條線頭穿針之後，使用對折的#30包線鐵絲夾住絲線的圈圈。將針穿進圓圈圈當中。

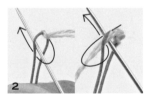

2

將線纏到鐵絲的右側。接下來則纏在左側。

將線頭纏繞2～3次之後，使用手工藝用黏膠固定。

POINT：宛如寫一個8字，左右交替纏繞絲線，就能在鐵絲上編織。

3

編了1cm左右之後，將鐵絲彎起來，作出葉片的輪廓。

4

將線沿著鐵絲向上拉，再次由頂點開始往下纏繞，往下的時候將剛才的線和鐵絲纏在一起。

5

重複以上步驟，以鐵絲打造葉片的輪廓，一邊以絲線纏繞，使它成為整體葉片的形狀。

\ 完成了！/

OLD ROSE
古典玫瑰
PAGE 7

A

B

材料

◎1朵花
麻布 中厚　15×15cm　2片
不鏽鋼鐵絲#30　適量
彈性黏著繡帶　約30cm、10cm
包線鐵絲（綠色）#26　1支

◎1支葉片
麻布 中厚　15×15cm　3片
包線鐵絲（綠色）#30　3支

◎1朵花苞
麻布 中厚　15×15cm　1片
不鏽鋼鐵絲#30　適量
彈性黏著繡帶　約20cm、10cm
包線鐵絲（綠色）#26　1支

繡線材料&配色表

		A	B	
		大小花瓣相同	大花瓣	小花瓣
花瓣	第1層DMC25號繡線	353（2）	a:352（1）＋353（1） b:353（2）	a:352（1）＋353（1） b:352（2）
	第2層DMC25號繡線	3770（2）	3770（2）	353（2）
	第3層DMC25號繡線	3823（2）	3770（2）	3770（2）
	第4層DMC25號繡線	3823（1）	3823（1）	3823（1）
花萼（花朵用）	第1層DMC25號繡線	3363（2）		
	第2層DMC25號繡線	3364（1）		
花苞	第1層DMC25號繡線 DMC25號繡線	a:352（1）＋353（1） b:352（2）		
	第2層DMC25號繡線	353（2）		
	第3層DMC25號繡線	3770（2）		
	第4層DMC25號繡線	3823（1）		
花萼（花苞用）	葉 脈DMC25號繡線	3363（2）		
	葉 脈DMC25號繡線	3364（1）		
大葉片	第1層DMC25號繡線	3362（2）		
	第2層DMC25號繡線	3363（2）		
	第3層DMC25號繡線	3363（1）		
	葉 脈DMC25號繡線	3362（1）		
小葉片	第1層DMC25號繡線	3362（2）		
	第2層DMC25號繡線	3363（1）		
	葉 脈DMC25號繡線	3362（1）		
莖	DMC25號繡線	3363（4）		

＊（　）內為絲線股數

製作方式

1 　使用釘線繡針法將不鏽鋼鐵絲沿著花瓣的輪廓，固定在麻布上，依照圖片指示刺繡花瓣。使用釦眼繡繡好花瓣輪廓之後，沿著花瓣形狀邊緣將花瓣剪下（P.44～P.48）。製作大、小花瓣各一片，若製作A，則作一片花苞的花瓣。

2 　製作一片大葉片、兩片小葉片（P.50～P.51）。製作的時候要領與花瓣及花苞相同，但不需在輪廓上添加鐵絲。

3 　組合花朵與花萼（P.52～P.53）。花苞則是將形狀成形之後（P.52 1～7），以彈性黏著繡帶製作底座，再將花瓣的花萼繞到底座上縫合固定。將花與花苞、花朵都綁起來，並以繡線纏繞花莖，完成作品。

〔花A 大花瓣〕

a ＊花B

353
3770
3823
b

3823（1）

a

a

b

原寸圖案

＊除了特別指定之外，全部進行長短針繡
＊除了特別指定之外，全部使用雙線
＊花B與花苞的配色請參考配色表。花B的花瓣a、花瓣b會更換第1層的配色

〔花A 小花瓣〕
〔花苞〕
＊花A與大花瓣為相同配色

a
a
b
b
a

〔花萼〕

3363
3364（1）

〔花苞的花萼〕

3363
3363

輪廓繡
3364（1）

〔大葉片〕

3363
直線繡
3363（1）
3362
輪廓繡
3362（1）

〔小葉片〕

3362
3363（1）
輪廓繡
3362（1）

CHRISTMAS ROSE
聖誕玫瑰
PAGE 8

A   B

材料

◎1朵花
麻布 中厚　15×15cm　1張
珍珠花蕊　約15支
玫瑰花蕊　約20支
不鏽鋼鐵絲#30　適量
彈性黏著繡帶　10cm
包線鐵絲（綠色）#26　1支
包線鐵絲（綠色）#30　1支
◎1支葉片
麻布 薄　15×15cm　1張
包線鐵絲（綠色）#30　1支

繡線材料&配色表

		A	B
花瓣	第1層DMC25號繡線	3865（2）	3865（2）
	第2層DMC25號繡線	3865（1）+772（1）	3865（2）
	第3層DMC25號繡線	772（2）	3865（2）
	第4層DMC25號繡線	907（1）	772（1）
葉片	第1層DMC25號繡線	935（2）	
	第2層DMC25號繡線	937（1）	
	葉 脈DMC25號繡線	935（1）	
莖	DMC25號繡線	3363（4）	

＊（　）內為絲線股數

製作方式

1　使用釘線繡針法將不鏽鋼鐵絲沿著花瓣的輪廓，固定在麻布上，依照圖片指示刺繡花瓣。使用釦眼繡繡好花瓣輪廓之後，沿著花瓣形狀邊緣將花瓣剪下（P.44〜P.48）。單一葉片也使用相同的要領製作（P.50）。

2　參考P.54的「花蕊**A**、**B**」步驟製作花蕊。將一束珍珠花蕊對折之後，由上面算起1cm的位置，以#30包線鐵絲扭緊固定。

3　將一束玫瑰花蕊攤開，塗抹手工藝用黏膠，剪成一半之後，黏貼在步驟**2**的花蕊外層，使用#26包線鐵絲扭緊固定。將花蕊的底端修齊並纏繞彈性黏著繡帶。使用麥克筆將繡帶塗成綠色。

4　組合花蕊與花瓣（P.52 **8〜9**），並搭配上葉片之後，以紋路用絲線纏繞莖後完成作品（P.53 **15〜16**）。

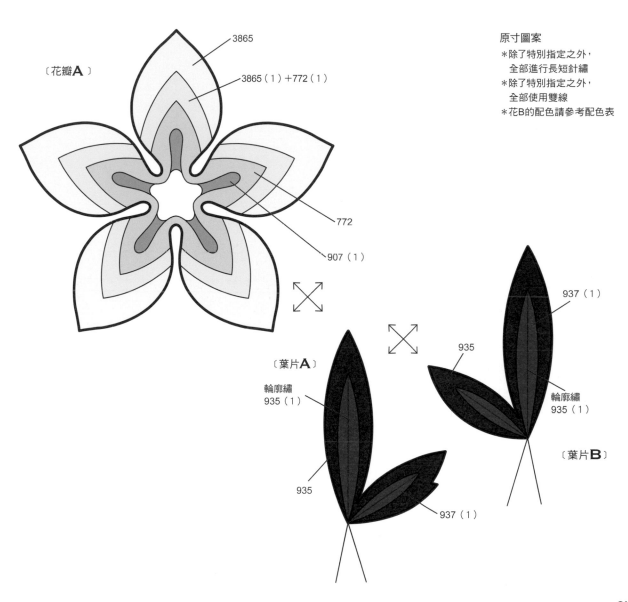

〔花瓣**A**〕

3865

3865（1）＋772（1）

772

907（1）

原寸圖案
＊除了特別指定之外，
　全部進行長短針繡
＊除了特別指定之外，
　全部使用雙線
＊花B的配色請參考配色表

〔葉片**A**〕

輪廓繡
935（1）

935

937（1）

935

輪廓繡
935（1）

〔葉片**B**〕

937（1）

SNOWDROP
雪花蓮
PAGE 9

材料

◎1朵花
麻布 薄 15×15cm 1張
木珠(6cm)2個
不鏽鋼鐵絲#34 適量
包線鐵絲(綠色)#26 1支
◎1支葉片
麻布 薄 15×15cm 1張
包線鐵絲(綠色)#30 1支

製作方式

1 使用釘線繡針法將不鏽鋼鐵絲沿著花瓣的輪廓,固定在麻布上,依照圖片指示刺繡花瓣。使用釦眼繡繡好花瓣輪廓之後,沿著花瓣形狀邊緣將花瓣剪下(P.44～P.48)。單一葉片也使用相同的要領製作(P.50)。

2 將花萼用絲線纏繞在1個木珠上(P.57)。另一個木珠則將#26包線鐵絲穿過之後,將鐵絲自中間對折。再依序將花瓣中心、繞好線的木珠穿進鐵絲,調整花朵形狀。

3 使用紋路用絲線(988)纏繞花莖,並在花莖的下端搭上葉片,換線之後(772)繼續纏繞,完成作品(p.53 15～16)。

繡線材料&配色表

花瓣a	第1層DMC25號繡線	3865(2)
	第2層DMC25號繡線	3865(1)
花瓣b	第1層DMC25號繡線	3865(1)
	第2層DMC25號繡線	988(1)
	第3層DMC25號繡線	3865(1)
葉片		988(2)
	第1層DMC25號繡線	164(2)
		772(2)
	第2層DMC25號繡線	164(1)
莖	DMC25號繡線	988(2)
	DMC25號繡線	772(2)
花萼	DMC25號繡線	988(2)

*( )內為絲線股數

原寸圖案

*除了特別指定之外,全部進行長短針繡
*除了特別指定之外,全部使用雙線

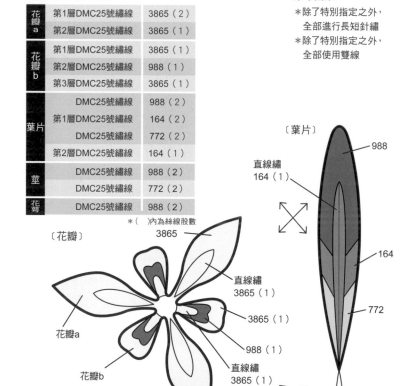

〔花瓣〕

3865

直線繡 3865(1)

3865(1)

988(1)

直線繡 3865(1)

花瓣a

花瓣b

〔葉片〕

988

直線繡 164(1)

164

772

VIOLET
紫羅蘭
PAGE 10

材料
◎1朵花
麻布 薄 15×15cm 1張
大圓珠（白色） 1個
不鏽鋼鐵絲#34 適量
包線鐵絲（綠色）#28 1支

製作方式
1 參考P.44～P.48「打造小巧花朵」。

繡線材料&配色表

		A	B	C	D	E	F
花瓣a	第1層DMC25號繡線	3834（2）	3865（2）	340（2）	150（2）	341（2）	3854（2）
	第2層DMC25號繡線	3834（2）	3865（2）	340（2）	150（2）	341（2）	3854（2）
	第3層DMC25號繡線	3836（1）	3078（1）	340（1）	150（1）	3747（1）	3854（1）
花瓣b	第1層DMC25號繡線	153（2）	3078（2）	3865（2）	150（2）	156（2）	721（2）
	第2層DMC25號繡線	3836（2）	727（2）	712（2）	3685（2）	341（2）	741（2）
	第3層DMC25號繡線	3835（1）	726（1）	712（1）	3685（1）	3747（1）	3854（1）
花瓣c	第1層DMC25號繡線	153（2）	727（2）	3854（2）	150（2）	156（2）	721（2）
	第2層DMC25號繡線	3836（2）	726（2）	3854（2）	150（2）	341（2）	741（2）
	第3層DMC25號繡線	3835（1）	726（1）	741（1）	3685（1）	3747（1）	3854（1）
	第4層DMC25號繡線	743（1）	972（1）	741（1）	743（1）	742（1）	3854（1）
紋路	DMC25號繡線	154（1）	554（1）	154（1）	154（1）	792（1）	

＊（ ）內為絲線股數

花瓣的配色位置

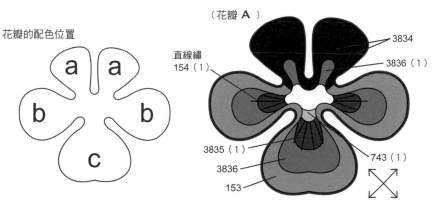

〔花瓣 A〕
直線繡 154（1）
3834
3836（1）
3835（1）
3836
153
743（1）

原寸圖案
＊除了特別指定之外，
全部進行長短針繡
＊除了特別指定之外，
全部使用雙線
＊花朵B～F的配色
請參考配色表

COMMON CHAMOMILE
洋甘菊

PAGE 11

材料

◎1朵花
歐根紗　15×15cm　1張
美國鐵絲#34　適量
包線鐵絲（綠色）#28　1支
◎1支葉片
包線鐵絲（綠色）#30　適量

繡線材料&配色表

花瓣	DMC25號繡線	3865（1）
花蕊	DMC25號繡線	725（6）＋3078（2）
花萼	DMC25號繡線	3346（1）
葉片	DMC25號繡線	3346（1）
葉莖	DMC25號繡線	3346（2）

＊（　）內為絲線股數

製作方式

1　使用釘線繡針法將美國鐵絲沿著花瓣的輪廓，固定在歐根紗上，依照圖片指示刺繡花瓣。使用釦眼繡繡好花瓣輪廓之後，從背面中心以直線繡繡上放射狀線條。沿著花瓣形狀邊緣將花瓣剪下（P.44～P.48）。

2　將花蕊用絲線兩色放在一起，製作直徑1.3cm的毛球花蕊（P.56），以捲線繡製作葉片（P.57）。

3　將花朵與花蕊組合，中途一邊纏繞葉子，一邊使用紋路用絲線纏繞完成作品。

原寸圖案

＊除了特別指定之外，
　全部進行長短針繡

〔花瓣〕

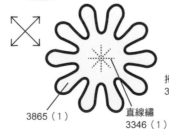

3865（1）

直線繡
3346（1）

〔葉片〕

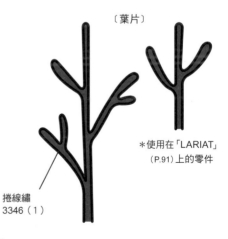

＊使用在「LARIAT」
（P.91）上的零件

捲線繡
3346（1）

CROCUS
鳶尾花
PAGE 16

材料

◎1朵花
麻布 薄　15×15cm　4張
玫瑰花蕊　3～4支
不鏽鋼鐵絲 #30
包線鐵絲（綠色）#28　1支
彈性黏著繡帶　7cm
◎3支葉片
包線鐵絲（綠色）#30　6支

繡線材料&配色表

花瓣a	第1層DMC25號繡線	340（2）	葉片		DMC25號繡線	895（4）
	第2層DMC25號繡線	155（2）		葉脈	DMC25號繡線	369（1）
	第3層DMC25號繡線	3746（2）	莖		DMC25號繡線	333（4）
	第4層DMC25號繡線	333（2）			DMC25號繡線	369（4）
	第5層DMC25號繡線	333（1）			DMC25號繡線	895（4）
花瓣b	第1層DMC25號繡線	340（2）				
	第2層DMC25號繡線	155（2）				
	第3層DMC25號繡線	3746（2）				
	第4層DMC25號繡線	333（1）				

＊（　）內為絲線股數

製作方式

1 使用釘線繡針法將不鏽鋼鐵絲沿著花瓣a的輪廓，固定在麻布上，將鐵絲留下8cm後剪斷。依照圖片指示刺繡花瓣。使用釦眼繡繡好花瓣輪廓之後，沿著花瓣形狀邊緣將花瓣剪下（P.44～48）。總共製作3片花瓣a以及1片花瓣b，都是一樣的方式。

2 參考P.54的「花蕊**A**」步驟製作花蕊。將玫瑰花蕊對折之後，以#28包線鐵絲從上面算起1cm位置處扭緊固定。剪掉花蕊的尾端，纏繞彈性黏著繡帶。使用麥克筆將花蕊塗成橘色。。

3 使用捲針鏽將2支#30包線鐵絲製作成葉子，8、10、12cm各一支（P.57）。

4 組合花蕊與花瓣b（p.52 **8～9**）。3片花瓣a由底部1.5cm算起，使用捲針鏽縫合作成筒狀。將花蕊及花瓣b由中間穿過去。

5 將花瓣a的鐵絲繞在花莖上。使用與花瓣同色的絲線，由上開始往下纏繞，中途更換絲線顏色，搭配三支葉片後繼續纏繞葉莖，製作完成（p.53 **15～16**）。

原寸圖案

＊除了特別指定之外，
全部進行長短針繡
＊除了特別指定之外，
全部使用雙線

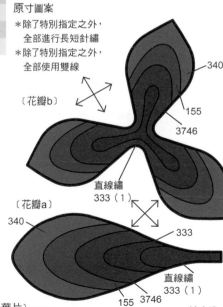

〔花瓣b〕
340
155
3746

直線繡
333（1）

〔花瓣a〕
340
333

直線繡
333（1）
155　3746

〔葉片〕捲線繡
895（4）
輪廓繡
369（1）

TULIP

鬱金香

PAGE 13

A

B

材料

◎1朵花

麻布 中厚　18×18cm　1張

珍珠花蕊　適量

百合花蕊　適量

不鏽鋼鐵絲#30　適量

包線鐵絲（綠色）#26　1支

包線鐵絲（綠色）#28　1支

彈性黏著繃帶　20cm

◎1支葉片

麻布 中厚　18×18cm　1張

包線鐵絲（綠色）#30　1支

繡線材料&配色表

			A	B
花瓣	第1層	DMC25號繡線	3713（2）	963（2）
	第2層	DMC25號繡線	3713（2）	963（2）
	第3層	DMC25號繡線	818（2）	3713（2）
	第4層	DMC25號繡線	819（2）	818（2）
	第5層	DMC25號繡線	746（2）	746（2）
	第6層	DMC25號繡線	772（1）	772（1）
葉片		DMC25號繡線	320（2）	
		DMC25號繡線	164（2）	
莖		DMC25號繡線	164（4）	

＊（　）內為絲線股數

製作方式

1　使用釘線繡針法將不鏽鋼鐵絲沿著花瓣的輪廓及中央的虛線，固定在麻布上，依照圖片指示刺繡花瓣。使用釦眼繡繡好花瓣輪廓之後，沿著花瓣形狀邊緣將花瓣剪下（P.44～P.48）。單一葉片也使用相同的要領製作（P.50）。

2　參考P.54的「花蕊▲」步驟製作花蕊。

3　組合花蕊與花瓣（P.52 **8～9**），將小花瓣往內側傾斜，將形狀調整為大花瓣向內包覆後，將花瓣與花蕊縫合。將#26包線鐵絲對折之後，放在花蕊的鐵絲旁，同時搭上葉片之後，以莖用的絲線纏繞完成作品。（P.53 **15～16**）

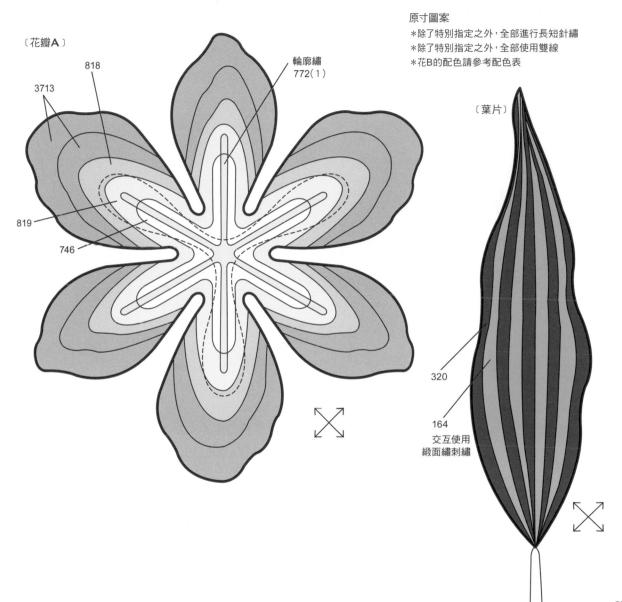

〔花瓣A〕

3713

818

輪廓繡
772（1）

819

746

原寸圖案
＊除了特別指定之外，全部進行長短針繡
＊除了特別指定之外，全部使用雙線
＊花B的配色請參考配色表

〔葉片〕

320

164
交互使用
緞面繡刺繡

EGYPTIAN ROSE
藍盆花
PAGE 14

A　B　C

材料

◎1朵花

歐根紗　15×15cm　1張
美國鐵絲#34　適量
包線鐵絲（綠色）#24　1支
彈性黏著繡帶　10cm

◎1支葉片

歐根紗　15×15cm　1張
包線鐵絲（綠色）#30　1支

繡線材料&配色表

		A	B	C
花瓣	第1層 DMC25號繡線	210（1）	155（1）	340（1）
花心	上面 DMC25號繡線	210（1）＋3865（1）	155（1）＋3865（1）	340（1）＋3865（1）
	側面 DMC25號繡線	210（2）	155（2）	340（2）
葉片	DMC25號繡線	562（2）		
	葉脈 DMC25號繡線	163（1）		
莖	DMC25號繡線	163（2）		

＊（　）內為絲線股數

製作方式

1　在歐根紗上畫直徑4.5cm和2cm的同心圓，並將美國鐵絲在兩個圓圈之間凹折成15～18片花瓣的樣子，使用釘線繡針法將鐵絲固定，依圖示刺繡。使用釦眼繡繡好花瓣輪廓之後，沿著花瓣形狀邊緣將花瓣剪下（P.44～P.48）。

2　在歐根紗上依圖示刺繡葉片（P.50），並依圖片步驟製作花蕊。

3　將步驟1的花瓣中心圓圈使用雙線平針縫一圈之後，將線稍微收緊，使中央凹陷下去，將花蕊的鐵絲由中間穿過去（p.52 8～9）。使用562（1）縫合花瓣與花蕊。將花蕊的鐵絲在中間段搭上葉片，使用紋路用絲線纏繞莖後完成作品（p.53 15～16）。

原寸圖案
＊ 花朵B、C的配色請參考配色表

〔花瓣A〕

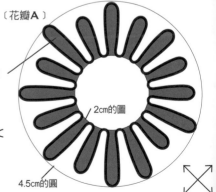

長短針繡
210（1）

2cm的圓

4.5cm的圓

〔葉片〕

緞面繡
562（2）

輪廓繡
163（1）

≫藍盆花的花蕊

1
將包線鐵絲的前端折為U字型,將彈性黏著繃帶穿過鐵絲之後,對折用來纏繞鐵絲。

2
使用麥克筆(與花瓣接近的顏色)塗染繃帶的上方及側面。

3
將兩種顏色的絲線搭配成為雙線,對折之後將圓圈處穿過針孔,在繃帶上方中央挑一針起來。將針頭穿過圓圈之後拉線。

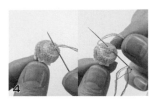

4
進行環扣繡針法(P.43)。在上方挑一針,將線繞在針上。

5
拉線之後,維持適當大小的圓圈狀,將下針至步驟4挑起的位置,再讓針從要作下一個圓圈的地方出來,再次挑一針。

6
作完一個環扣繡針法的樣子。

7
重複步驟4~5,在上方以螺旋狀使用環扣繡針法填滿。

8
換線之後,將側面也繡滿一圈環扣繡針法。

MIMOSA
金合歡
PAGE 15

材料
包線鐵絲(綠色)#30　適量

繡線材料&配色表

花	DMC25號繡線	727(6)	
	DMC25號繡線	726(6)	
	DMC25號繡線	725(6)	
葉片	DMC25號繡線	989(1)	
	DMC25號繡線	988(1)	
莖	DMC25號繡線	987(2)	

*(　)內為絲線股數

製作方式

1 使用花朵用絲線60cm，製作直徑0.7～1cm的毛線球（P.56），依圖中的方式，以包線鐵絲間隔3～4cm綁起固定，數量可依照自己喜愛的模樣即可。作兩支鐵絲的分量。花朵的配色也可隨自己喜好決定。

2 將2支#30包線鐵絲組合在一起，以捲針縫製作葉片（P.57）。

3 依圖片中的步驟，將步驟**1**中的鐵絲1支綁好之後，中途搭上葉片，使用紋路用絲線纏繞莖後完成作品（P.53 **15～16**）。

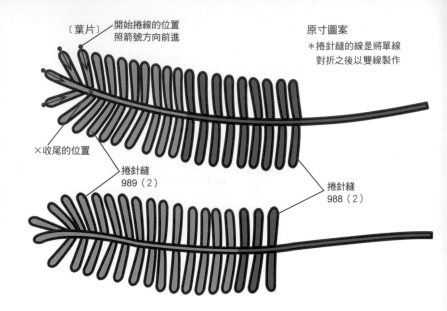

〔葉片〕　開始捲線的位置　照前號方向前進

原寸圖案
＊捲針縫的線是將單線對折之後以雙線製作

×收尾的位置

捲針縫
989（2）

捲針縫
988（2）

≫捆綁金合歡的方式

1 一邊製作毛線球，一邊使用#30包線鐵絲，間隔3～4cm隨意捆綁喜愛的數量。

2 將毛線球放在頂點，對折鐵絲之後，將底下的鐵絲數公分都扭在一起，作成一支。

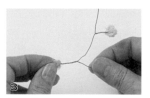

3 扭好鐵絲的形狀，讓每個毛線球都在鐵絲的頂點。

4 重複步驟**2～3**，將2支鐵絲都作成樹枝的樣子。

5 將2支樹枝綁在一起。

6 留心花朵位置平衡感，將兩支鐵絲扭在一起作成一支。

7 稍微調整花朵的位置、調整全體位置。花朵製作完成。

DOGWOOD
大花山茱萸
PAGE 17

A

B

材料

◎1朵花

麻布 中厚　15×15cm　2張

不鏽鋼鐵絲#30　適量

珍珠花蕊　6支

包線鐵絲（綠色）#28　1支

製作方式

1 使用釘線繡針法將不鏽鋼鐵絲沿著花瓣的輪廓，固定在麻布上，依照圖片指示刺繡花瓣。使用釦眼繡繡好花瓣輪廓之後，沿著花瓣形狀邊緣將花瓣剪下（P.44～P.48）。製作一片花瓣a、一片花瓣b。

2 參考P.54的「花蕊 **A** 」步驟製作花蕊。將珍珠花蕊對折之後，以#28包線鐵絲從上面算起1cm位置處扭緊固定。剪去花蕊的底部，以麥克筆將花蕊塗成黃綠色。

3 組合花蕊與花瓣（p.52 **8** ～ **9** ）。。將花蕊的包線鐵絲依照花瓣b、花瓣a的順序穿過花瓣中心。

4 讓花瓣a與花瓣b重疊後交叉為十字型，各自以手工藝用黏膠貼合。鐵絲剪成需要的長度。

繡線材料&配色表

		A	B
花瓣	第1層 DMC25號繡線	761（2）	3865（2）
	第2層 DMC25號繡線	3713（2）	3865（2）
	第3層 DMC25號繡線	3713（1）＋3865（1）	3865（2）
	第4層 DMC25號繡線	3865（1）	3865（2）
	紋 路 DMC25號繡線	761（1）	746（1）
	尖 端 DMC25號繡線		花瓣a：3713（1） 花瓣b：3348（1）

＊（　）內為絲線股數

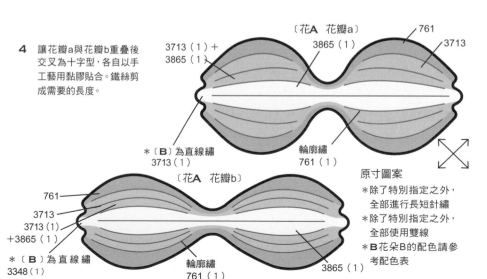

〔花A　花瓣a〕
761
3865（1）
3713
3713（1）＋3865（1）
＊〔B〕為直線繡 3713（1）
輪廓繡 761（1）

〔花A　花瓣b〕
761
3713
3713（1）＋3865（1）
＊〔B〕為直線繡 3348（1）
輪廓繡 761（1）
3865（1）

原寸圖案

＊除了特別指定之外，全部進行長短針繡

＊除了特別指定之外，全部使用雙線

＊B花朵B的配色請參考配色表

WILD STRAWBERRY
野草莓
PAGE 18

材料

◎1朵花
麻布 薄　15×15cm　1張
麻布 薄　7×2cm　1張
不鏽鋼鐵絲#34　適量
包線鐵絲（綠色）#28　1支

◎2個果實
歐根紗　15×15cm　1張
不織布（紅色）　15×15cm　1張
聚酯棉　少量

◎1支葉片
麻布 薄　15×15cm　2張
包線鐵絲（綠色）#30　2支

繡線材料&配色表

		DMC25號繡線	3865（2）
花瓣	紋路	DMC25號繡線	772（1）
果實		DMC25號繡線	321（3）
	種子	DMC25號繡線	3013（3）
花萼		DMC25號繡線	987（1）
（果實用）	蒂頭	DMC25號繡線	987（4）
葉片 a		DMC25號繡線	904（2）
	葉脈	DMC25號繡線	3345（1）
葉片 b		DMC25號繡線	3345（2）
	葉脈	DMC25號繡線	904（1）
莖		DMC25號繡線	3345（2）

＊（ ）內為絲線股數

製作方式

1　使用釘線繡針法將不鏽鋼鐵絲沿著花瓣的輪廓，固定在麻布上，依照圖片指示刺繡花瓣。使用釦眼繡繡好花瓣輪廓之後，沿著花瓣形狀邊緣將花瓣剪下（P.44〜48）。

2　參考P.55「花蕊 C 」的步驟製作花蕊。將花蕊的鐵絲穿過花瓣中心，使用手工藝用黏膠貼合。

3　在麻布上依照圖示刺繡，製作兩片葉子（P.50）。

4　依圖片步驟製作2個果實，將所有零件組合在一起。花朵底部使用紋路用絲線纏繞3〜4cm、葉片底部則纏繞7cm左右，將花朵與葉片搭在一起繼續纏繞（P.53 15 〜 16 ）。

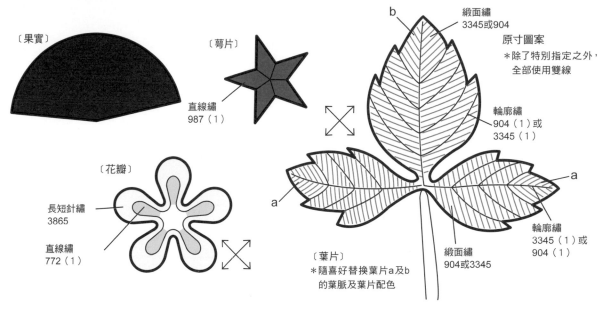

〔果實〕

〔萼片〕

直線繡
987（1）

〔花瓣〕

長短針繡
3865

直線繡
772（1）

b

緞面繡
3345或904

原寸圖案
＊除了特別指定之外，
全部使用雙線

輪廓繡
904（1）或
3345（1）

a

a

輪廓繡
3345（1）或
904（1）

〔葉片〕
＊隨喜好替換葉片a及b
的葉脈及葉片配色

緞面繡
904或3345

≫果實製作方式　＊圖片中為了使讀者清晰可見，因此使用了其他顏色的絲線。

1
將果實用的不織布對折，兩邊疊在
一起，使用果實的絲線以捲針縫縫
合，並以平針縫縫開口一圈。

2
將聚酯棉塞入當中，拉緊袋口平針
縫的線。

3
以十字縫合袋口，剪斷線頭。

4
準備果實用的絲線三股，由上往下
縫輪廓繡。繡成十字。

5
將步驟4的四等分面分別以輪廓繡
繡滿。種子使用三股線隨機以回針
縫繡上。

6
使用歐根紗刺繡萼片，使用釦眼
繡繡好花瓣輪廓之後，沿著形狀
邊緣剪下。梗就使用與莖同色的線
10cm，綁好作成一個圓圈。

7
將軸的圓圈穿過針孔，在果實上方
中央挑一針。

8
讓軸的線穿過萼片中央後，將萼片
用手工藝用黏膠貼合。

LILY OF THE FIELD
銀蓮花
PAGE 19

A   B

材料

◎1朵花
麻布 中厚　15×15cm　2張
毛球（黑色）　1個
玫瑰花蕊　適量
不鏽鋼鐵絲#30　適量
包線鐵絲（綠色）#26　2支
彈性黏著膠帶　7cm*剪成一半寬度
◎1支葉片
歐根紗　15×15cm　2張
包線鐵絲（綠色）#30　2支

繡線材料&配色表

		A	B
花瓣	第1層DMC25號繡線	3865（2）	333（2）
	第2層DMC25號繡線	3865（2）	333（2）
	第3層DMC25號繡線	210（2）	3746（2）
	第4層DMC25號繡線	154（2）	155（2）
	第5層DMC25號繡線	154（1）	155（1）
葉片	第1層DMC25號繡線	3347（2）	
	第2層DMC25號繡線	3346（1）	
	葉 脈DMC25號繡線	3347（1）	
莖	第1層DMC25號繡線	3346（4）	

＊（　）內為絲線股數

製作方式

1　使用釘線繡針法將不鏽鋼鐵絲沿著大花瓣的輪廓，固定在麻布上，依照圖片指示刺繡花瓣。使用釦眼繡繡好花瓣輪廓之後，沿著花瓣形狀邊緣將花瓣剪下（P.44～P.48）。小花瓣1片也以一樣的方法製作完成。

2　參考P.54「花蕊 B」製作花蕊。

3　在歐根紗上依照圖片進行刺繡。製作兩片大葉片（P.50）。

4　花將花蕊的包線鐵絲依序穿過小花瓣、大花瓣的花瓣中心，將花朵組合起來（P.52 8～9 ））。將#26包線鐵絲放在花蕊的鐵絲旁邊，一起用紋路用絲線纏繞起來。中間加上兩片相對的大葉片，繼續纏繞絲線，完成作品。（P.53 15 ～ 16 ）

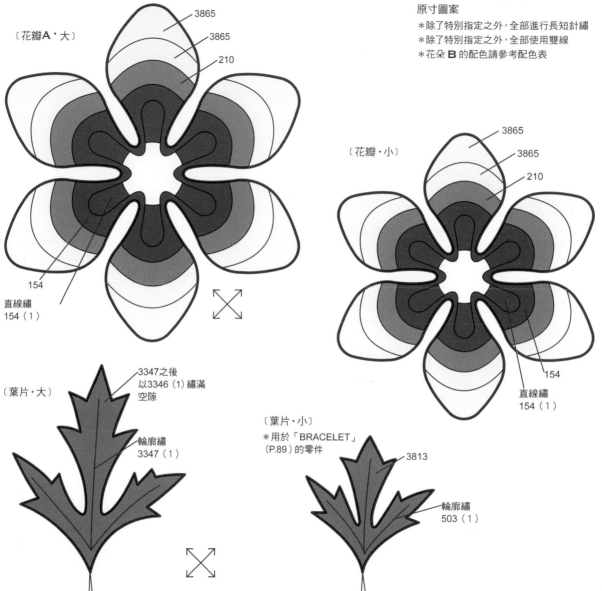

〔花瓣A・大〕

3865
3865
210

154
直線繡
154（1）

原寸圖案
＊除了特別指定之外，全部進行長短針繡
＊除了特別指定之外，全部使用雙線
＊花朵 B 的配色請參考配色表

〔花瓣・小〕

3865
3865
210

154
直線繡
154（1）

〔葉片・大〕

3347之後
以3346（1）繡滿
空隙

輪廓繡
3347（1）

〔葉片・小〕
＊用於「BRACELET」
（P.89）的零件

3813

輪廓繡
503（1）

COSMOS
波斯菊
PAGE 20

A
B

材料

◎1朵花
麻布 薄　15×15cm　1張
麻布 中厚　1.5×8.5cm　1張
美國鐵絲#34　適量
包線鐵絲（綠色）#26　1支
◎一朵花苞
歐根紗　3×3cm　1張
脫脂棉花　少許
包線鐵絲（綠色）#26　1支
◎1支葉片
包線鐵絲（綠色）#30　1支

製作方式

1 使用釘線繡針法將美國鐵絲沿著花瓣的輪廓，固定在麻布上，依照圖片指示刺繡花瓣。使用釦眼繡繡好花瓣輪廓之後，沿著花瓣形狀邊緣將花瓣剪下（P.44～P.48）。

2 參考P.55「花蕊C」製作花蕊。將麻布1.5×8.5cm的長邊上下各抽掉0.5cm的橫線，以麥克筆將上下塗成黃色、中間塗成黃綠色。將麻布穿過對折的包線鐵絲，邊纏繞邊以手工藝用黏膠固定。將花蕊用鐵絲穿過花瓣中心，以手工藝用黏膠黏貼固定。鐵絲也相互使用黏膠固定（P.49 48～49）。

繡線材料&配色表

		A	B
花瓣	第1層DMC25號繡線	3865（1）	818（1）
	第2層DMC25號繡線	3865（1）	818（1）
	第3層DMC25號繡線	3865（1）	819（1）
花萼	DMC25號繡線	3346（1）	
苞	DMC25號繡線	3865（1）	818（1）
花萼	DMC25號繡線	3346（2）	
葉片	DMC25號繡線	3346（2）	
莖	DMC25號繡線	3346（2）	

*（　）內為絲線股數

3 使用捲線縫製作葉片（P.57）。

4 製作花苞。將#26包線鐵絲的前端彎折，並使用手工藝用黏膠黏好揉成圓球型的棉花。將歐根紗包住棉花，底部扭起並以手工藝用黏膠固定，剪去多餘布料。中央使用花瓣的絲線、周遭使用花萼的絲線，以直線繡刺繡。

5 花苞的花萼，將#30包線鐵絲彎曲成如圖片指示之形狀，依1～3順序以捲針縫加工（P.57）。將步驟**4**的花苞從花萼中心穿過去，以絲線固定。

捲針縫
3346（2）

〔花萼〕

2

1

3

6 將花苞與葉片及花朵束在一起，並使用紋路用絲線纏繞後完成作品（p.53 15～16）。

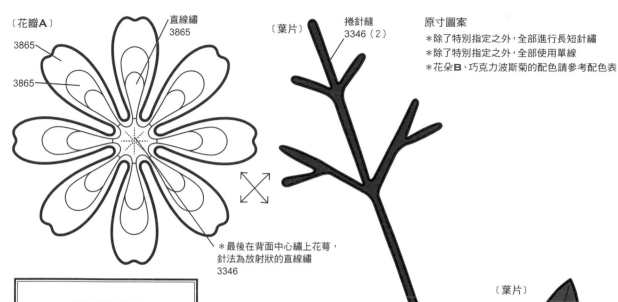

〔花瓣A〕

3865

3865

直線繡
3865

＊最後在背面中心繡上花萼，
針法為放射狀的直線繡
3346

〔葉片〕

捲針縫
3346（2）

原寸圖案
＊除了特別指定之外，全部進行長短針繡
＊除了特別指定之外，全部使用單線
＊花朵B、巧克力波斯菊的配色請參考配色表

〔葉片〕

3346（2）

輪廓繡
3345（1）

COSMOS ATROSANGUINEUS
巧克力波斯菊
PAGE 20

材料
◎1朵花
麻布 薄　15×15cm　1張
麻布 中厚　1.5×8.5cm　1張
美國鐵絲#34　適量
包線鐵絲（綠色）#26　1支
◎1朵花苞
歐根紗　3×3cm　1張
脫脂棉花　少量
包線鐵絲（綠色）#26　1支
◎1支葉片
歐根紗　15×15cm　1張
包線鐵絲（綠色）#30　1支

繡線材料&配色表

花瓣	第1層DMC25號繡線	814（1）	
	第2層DMC25號繡線	902（1）	
	第3層DMC25號繡線	898（1）	
蕚	DMC25號繡線	814（1）	
花萼	DMC25號繡線	3346（2）	
葉片	DMC25號繡線	3346（2）	
	葉 脈DMC25號繡線	3345（1）	
莖	DMC25號繡線	3346（2）	

＊（　）內為絲線股數

製作方式
與P.76「波斯菊」相同。但是花蕊要塗成
紅棕色，葉片則使用歐根紗依照圖片刺繡
（P.50）。

COLORED LEAVES
變色葉片
PAGE 21

*B和E為隨機配色，詳細請
參考圖片

材料

◎1片葉片

麻布 中厚 15×15cm 1張
包線鐵絲（綠色）#30 2支

繡線材料&配色表	A	B	C	D	E
第1層DMC25號繡線	4070（2）	4130（2）	4075（2）	4200（2）	3051（2）
第2層DMC25號繡線	3821（2）	3830（2）	4075（2）	4200（2）	3052（2）
第3層DMC25號繡線	4126（2）	3776（2）	4075（2）	4200（1）	3051（1）＋3011（1）
第4層DMC25號繡線	4126（2）	402（2）	4075（2）		4065（2）
第5層DMC25號繡線		3856（2）	4075（2）		3011（2）
DMC25號繡線		4135（2）			3012（2）
DMC25號繡線					3013（2）
葉 脈DMC25號繡線	3052（1）	3856（1）		304（1）	3052（1）
莖 DMC25號繡線	3052（2）	3776（2）	4075（2）	304（2）	3052（2）

葉片 / 莖

＊（ ）內為絲線股數

製作方式

1　使用釘線繡針法將包線鐵絲沿著葉
　片的輪廓，固定在麻布上，將鐵絲留
　下7～8cm後剪斷。依照圖片指示刺
　繡花瓣。使用釦眼繡繡好葉片輪廓
　之後，沿著葉片形狀邊緣將葉片剪下
　（P.50）。

2　將步驟1中留下來的鐵絲加上兩支剪
　短的包線鐵絲，使用紋路用絲線，從
　葉片底部開始纏繞，完成作品（P.51
　9～14）。（p.51 9 ～ 14 ）。

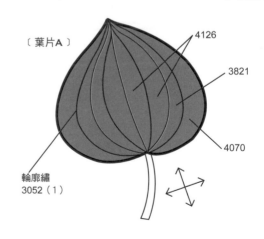

〔葉片A〕

4126

3821

4070

輪廓繡
3052（1）

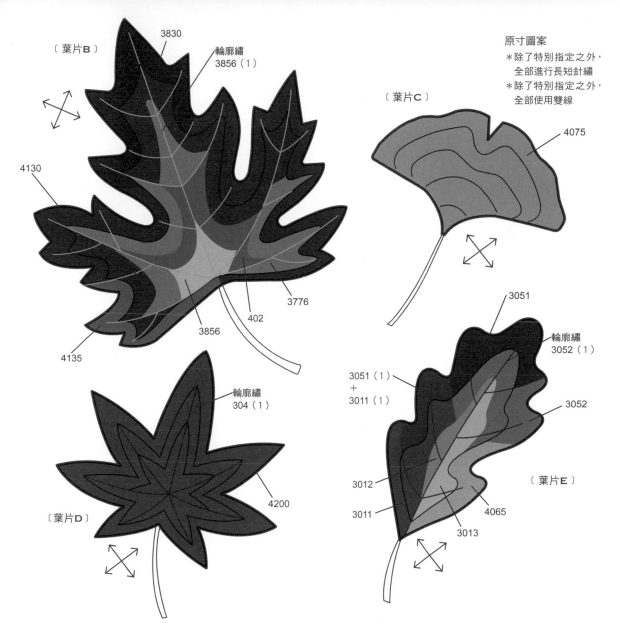

〔葉片B〕

3830

輪廓繡
3856（1）

4130

3776

402

3856

4135

原寸圖案
＊除了特別指定之外，
　全部進行長短針繡
＊除了特別指定之外，
　全部使用雙線

〔葉片C〕

4075

輪廓繡
304（1）

4200

〔葉片D〕

3051

輪廓繡
3052（1）

3051（1）
＋
3011（1）

3052

3012

4065

3011

3013

〔葉片E〕

79

MISTLETOE

槲寄生

PAGE 22

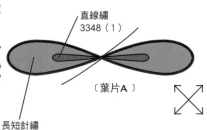

材料

◎1支

麻布 薄　15×15cm　1張

木珠(6mm)　1個

包線鐵絲(綠色)#30　適量

繡線材料&配色表

		A	B	C
葉片	第1層DMC25號繡線	772（2）	3348（2）	3364（2）
	第2層DMC25號繡線	3348（1）	772（1）	772（1）
	DMC緞面線		S739（2）	
	DMC緞面線		S738（2）	
莖	DMC25號繡線		3364（2）	

＊（　）內為絲線股數

製作方式

1　在麻布上沿著葉片輪廓,以描繪8字型的方式,以釘線繡針法將包線鐵絲固定,並留下10cm後將鐵絲剪斷。依照圖片刺繡,以釦眼繡繡好葉片輪廓之後,沿著葉片形狀邊緣將花瓣剪下(P.44~P.48)。

2　以果實用絲線雙線纏繞木珠,作成捲線珠(p.57 2~4)。夾在葉片中間的珠子,就將步驟1的包線鐵絲穿過捲線珠兩邊後扭緊固定。

3　將步驟2中留下的鐵絲以手工藝用黏膠固定(p.49 48~49)。

4　隨個人喜好製作數量不同的零件,包含葉片上有捲線珠的、只有葉片的和只有捲線珠共三種。一邊觀察配置平衡一邊將其綁起,使用繡線纏繞出莖後完成作品(P.53 15~16)。

＊圖片中的作品總共作了10支(當中有7支有果實),並以2~4支各自綁起成為小束後,再合併為一大支。葉片和果實的配色有三種方式,可以自由搭配。

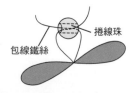

捲線珠

包線鐵絲

原寸圖案

＊葉片B、C的配色
　請參考配色表

直線繡
3348（1）

〔葉片A〕

長短針繡
772（2）

FLANNEL FLOWER
雪絨花
PAGE 23

材料

◎1朵花

麻布 薄　15×15cm　1張
包線鐵絲（綠色）#26　1支
包線鐵絲（綠色）#28　1支

繡線材料&配色表

花瓣	第1層DMC25號繡線	3865（1）
	DMC25號繡線	369（1）
	第2層DMC25號繡線	3865（1）
花蕊	DMC25號繡線	772（6）+522（2）
莖	DMC25號繡線	928（4）

*（　）內為絲線股數

原寸圖案

*除了特別指定之外，
　全部進行長短針繡
*全部使用單線

製作方式

1　在麻布上依照圖片刺繡花瓣圖樣。此
　　時不在輪廓上使用鐵絲。使用釦眼繡
　　繡好花瓣輪廓之後，沿著花瓣形狀邊
　　緣將花瓣剪下（P.44～P.48）。

2　將花蕊用絲線兩色各100cm並用，
　　捲在手指上後以#28包線鐵絲扭緊
　　固定，作出直徑1.3cm的毛線球花蕊
　　（P.56）。

3　將花蕊的鐵絲穿過花瓣中心，將#26
　　包線鐵絲對折後與原先的鐵絲放在
　　一起作為花莖，使用紋路用絲線纏繞
　　後完成作品（P.51 **9**～ **11** ）。

〔花瓣〕

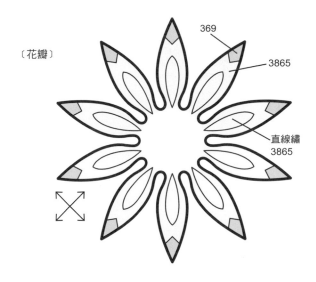

369

3865

直線繡
3865

STACHYS BYZANTINE

綿毛水蘇

PAGE 23

材料

◎1支葉片
麻布 中厚 15×15cm 6張
包線鐵絲（綠色）#30 6支

繡線材料&配色表

葉片	第1層DMC25號繡線 極細毛海毛線	3865（1）+3813（1） +薄荷綠色（1）
	第2層DMC25號繡線	3865（1）+3813（1）
	葉 脈DMC25號繡線	3865（1）+3813（1）
莖	DMC25號繡線	3813（4）

*（　）內為絲線股數

原寸圖案

*除了特別指定之外，全部進行
　長短針繡
*中葉片的配色、刺繡方式及大
　小都相同

製作方式

1　使用釘線繡針法將包線鐵絲沿著葉
　　片的輪廓，固定在麻布上，將鐵絲留
　　下10cm後剪斷。依照圖片指示刺繡，
　　以釦眼繡、絲線用3865（1）繡好葉片
　　輪廓之後，沿著形狀邊緣將葉片剪下
　　（P.50）。製作大、中、小葉片各兩片。

2　將兩片小葉片正面相對，使用紋路用
　　絲線將包線鐵絲從葉片根部開始纏
　　繞約2cm。添上兩片中葉片，再繼續
　　纏繞3cm，最後加上兩片大葉片後纏
　　繞完成作品（P.51 9 ～ 14 ）。

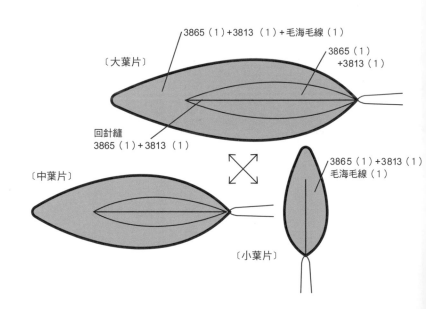

〔大葉片〕

3865（1）+3813（1）+毛海毛線（1）

3865（1）
+3813（1）

回針縫
3865（1）+3813（1）

〔中葉片〕

3865（1）+3813（1）
毛海毛線（1）

〔小葉片〕

CAMELLIA
山茶花
PAGE 24

材料

◎1朵花
麻布 中厚　15×15cm　2張
麻布 中厚　1.2×6cm　1張
玫瑰花蕊　適量
不鏽鋼鐵絲#30　適量
包線鐵絲（綠色）#26
包線鐵絲（綠色）#30
◎1支葉片
麻布 中厚　15×15cm　1張
包線鐵絲（綠色）#30　1支

繡線材料&配色表

花瓣	第1層DMC25號繡線	3865（3）
	第2層DMC25號繡線	3865（2）
	第3層DMC25號繡線	3865（2）
	第4層DMC25號繡線	3865（2）
	圖 樣DMC25號繡線	321（3）
	圖 樣DMC25號繡線	3865（2）＋321（1）
葉片	第1層DMC25號繡線	890（3）
	第2層DMC25號繡線	890（1）＋895（1）
	第3層DMC25號繡線	895（2）
	葉 脈DMC25號繡線	890（2）
莖	DMC25號繡線	890（2）

＊（　）內為絲線股數

製作方式

1　使用釘線繡針法將不鏽鋼鐵絲沿著大花瓣的輪廓，固定在麻布上，依照圖片指示刺繡花瓣。以釦眼繡繡好花瓣輪廓之後，沿著花瓣形狀邊緣將花瓣剪下（P.44〜P.48）。小花瓣也以相同方法完成。葉片也以相同的要領製作（P.50）。

2　參考P.54〜P.55「花蕊B、C」製作花蕊。將1.2cm×6cm麻布的長邊上端0.7cm為止的橫線抽出，以麥克筆塗成黃色。將麻布穿過前端彎折的#26包線鐵絲，一邊將麻布纏繞到鐵絲上，一邊以手工藝用黏膠固定。

3　將玫瑰花蕊的前端以麥克筆塗成黃色，並將玫瑰花蕊束展開，塗上手工藝用黏膠後剪成一半，貼在步驟2麻布花蕊的外側。

4　將花蕊的包線鐵絲依照順序穿過小花瓣、大花瓣的中心，組合成一朵花（p.52 8〜9）。

5　使用紋路用絲線纏繞花莖。中間加上葉片，繼續纏繞絲線完成作品（p.53 15 〜 16）。

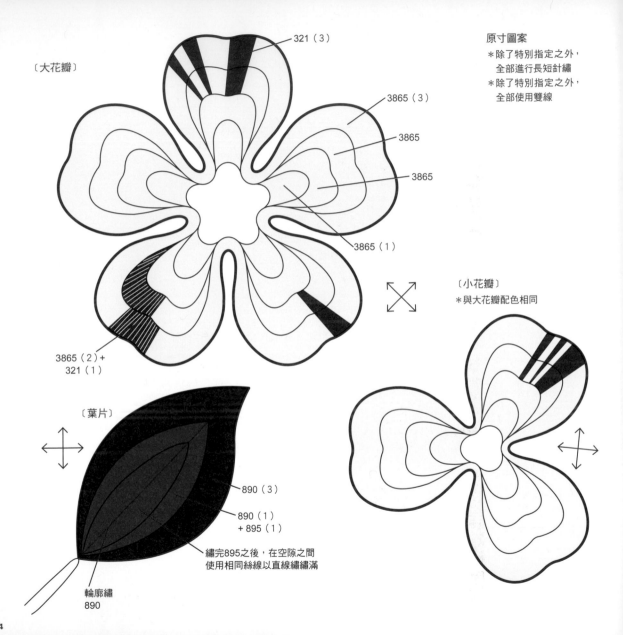

〔大花瓣〕

321（3）

3865（3）

3865

3865

3865（1）

3865（2）+
321（1）

原寸圖案
＊除了特別指定之外，
　全部進行長短針繡
＊除了特別指定之外，
　全部使用雙線

〔小花瓣〕
＊與大花瓣配色相同

〔葉片〕

890（3）

890（1）
+895（1）

繡完895之後，在空隙之間
使用相同絲線以直線繡繡滿

輪廓繡
890

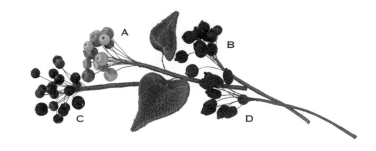

BERRY
莓果
PAGE 25

材料

A

◎ 1 支果實
木珠（6mm） 8 個
木珠（8mm） 8 個
包線鐵絲（綠色）#28
　15cm×16 支

◎ 1 支葉片
麻布 薄　15×15cm　2 張
包線鐵絲（綠色）#30　2 支

B

◎ 1 支果實
木珠（6mm） 2 個
木珠（8mm） 9 個
小圓珠（黑色） 11 個
包線鐵絲（綠色）#28
　15cm×11 支

C

◎ 1 支果實
木珠（6mm） 17 個
木珠（8mm） 2 個
包線鐵絲（綠色）#28
　15cm×19 支

D

◎ 1 支果實
木珠（6×9mm） 10 個
小圓珠（黑色） 10 個
包線鐵絲（綠色）#28
　15cm×10 支

繡線材料&配色表

		A	B	C	D
果實	DMC25號繡線	3012（2）	498（2）	823（2）	498（2）
	DMC25號繡線	371（2）	816（2）	3740（2）	816（2）
	DMC25號繡線	372（2）	815（2）		815（2）
	DMC25號繡線	3013（2）	814（2）		
	DMC25號繡線	3011（2）			
大葉片	第1層DMC25號繡線	936（2）			
	第2層DMC25號繡線	935（2）			
	第3層DMC25號繡線	935（1）			
	葉脈DMC25號繡線	936（1）			
小葉片	第1層DMC25號繡線	935（2）			
	第2層DMC25號繡線	936（1）			
	葉脈DMC25號繡線	935（1）			
莖	DMC25號繡線	935（2）			

＊（ ）內為絲線股數

製作方式

A

1 使用釘線繡針法將包線鐵絲沿著大葉片的輪廓，固定在麻布上，將鐵絲留下10cm後剪斷。依照圖片指示刺繡葉片。以釦眼繡繡好葉片輪廓之後，沿著葉片形狀邊緣將葉片剪下（P.50）。另外也作一片小葉片。

2 使用果實用絲線雙縣纏繞木珠，作成捲線株（P.57 **2～4**）。隨機纏繞5種顏色的絲線，製作大小果實共計16個。

3 將包線鐵絲前端彎折成U字型，穿過捲線珠之後，前端塗上手工藝用黏膠固定珠子。

4 將果實綁在一起，從果實稍下方處以紋路用絲線纏繞花莖完成作品（P.51 **9～11**）。

B

1 參考P.57「製作果實」，製作帶珠子的果實。隨機纏繞4種顏色的絲線，製作大小果實共計11個。

2 將果實綁在一起，從果實稍下方處以紋路用絲線纏繞花莖完成作品（P.51 **9～11**）。

C

1 以「**A**」的要領製作19個果實，綁成一束。

D

1 以「**B**」的要領製作10個果實，綁成一束。

原寸圖案

＊除了特別指定之外，
　全部進行長短針繡
＊除了特別指定之外，
　全部使用雙線

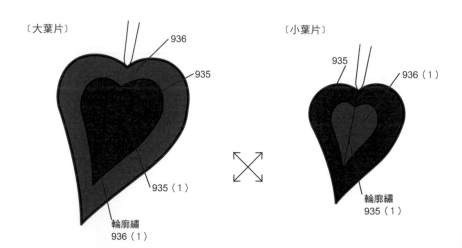

〔大葉片〕

936

935

935（1）

輪廓繡
936（1）

〔小葉片〕

935

936（1）

輪廓繡
935（1）

CORONAL
我願意
PAGE 27

材料
紫羅蘭（P.63）　6朵（A／3朵、B／3朵）
珍珠裝飾珠（3mm）　6個
珍珠裝飾珠（5mm）　50～60個
鐵絲　100cm
彈性黏著繃帶　適量
寬2.3cm的緞面緞帶（白色）　200cm

繡線材料&配色表

		A	B
花瓣 a	第1層DMC25號繡線	712（2）	712（2）
	第2層DMC25號繡線	712（2）	712（2）
	第3層DMC25號繡線	712（1）	712（1）
花瓣 b	第1層DMC25號繡線	3865（2）	3865（2）
	第2層DMC25號繡線	712（2）	3865（2）
	第3層DMC25號繡線	712（1）	712（1）
花瓣 c	第1層DMC25號繡線	712（2）	3865（2）
	第2層DMC25號繡線	712（2）	3865（2）
	第3層DMC25號繡線	712（1）	712（1）
	第4層DMC25號繡線	3855（1）	3823（1）
紋路	DMC25號繡線	3855（1）	3823（1）

＊（　）內為絲線股數

製作方式
1　製作6朵花蕊使用珍珠裝飾珠（3mm）的紫羅蘭。

2　將鐵絲作成一個直徑10cm的圓圈，重疊幾圈作為底座軸心。將彈性黏著膠帶纏繞在此軸心上。依步驟圖片順序組合零件。

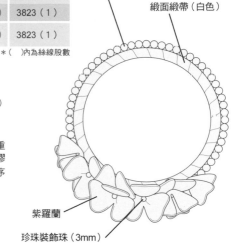

珍珠裝飾珠（5mm）
緞面緞帶（白色）
紫羅蘭
珍珠裝飾珠（3mm）

≫花冠的組合方式

1 隨機將 A 和 B 兩種紫羅蘭共6朵的花莖纏繞在底座上固定。花朵之間不留空隙。

2 一邊塗上手工藝用黏膠，一邊將緞面緞帶纏繞到底座上固定。

3 將珍珠裝飾珠（5mm）縫在底座上沒有花朵部分的側面。

KEYLING
在薔薇之下
PAGE 28

材料

「古典玫瑰」（P.58）　1朵花
「古典玫瑰」（P.58）　1支葉片
流蘇　1個
掛環（3cm／金色）　1個
裝飾片（2.5cm／金色）　1個

繡線材料&配色表

		大花瓣	小花瓣
花瓣	第1層DMC25號繡線	3770（2）	a：353（1）+3770（1） b：3770（2）
	第2層DMC25號繡線	3770（1）+3865（1）	a：3770（2） b：353（1）+3770（1）
	第3層DMC25號繡線	3865（2）	a：3770（1）+3865（1） b：3865（1）
	第4層DMC25號繡線	3865（1）	3865（1）
葉片（大）	第1層DMC25號繡線	3362（2）	
	第2層DMC25號繡線	3363（2）	
	第3層DMC25號繡線	3363（1）	
葉片（小）	第1層DMC25號繡線	3362（2）	
	第2層DMC25號繡線	3363（1）	

＊（　）內為絲線股數

製作方式

1　將花朵及葉片各自縫在裝飾片上。

2　將流蘇的線頭穿過掛環後固定，把流蘇的線頭也縫在步驟1的裝飾片上。

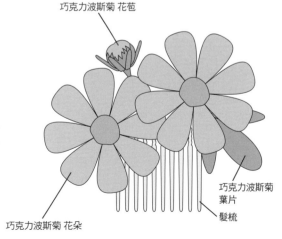

古典玫瑰 花朵
掛環
古典玫瑰 葉片
流蘇

HAIR COMB
些微苦澀的回憶
PAGE 29

材料

「巧克力波斯菊」（P.77）　2朵花
「巧克力波斯菊」（P.77）　1朵花苞
「巧克力波斯菊」（P.77）　1支葉片
髮梳（4cm／古銅金色）　1個
假花膠帶（綠色）　適量

製作方式

1　製作2朵「巧克力波斯菊」的花朵、1朵花苞、1支葉片。

2　觀察整體平衡感，將2朵花固定在髮梳上，並將葉片及花苞也放上，注意葉片及花苞要從花朵間探出頭來。將所有零件的包線鐵絲纏繞在髮梳上，並以假花膠帶加強固定。

巧克力波斯菊 花苞
巧克力波斯菊 葉片
髮梳
巧克力波斯菊 花朵

BRACELET
採花之人
PAGE 30

材料

「銀蓮花」(P.74)　1朵花
「銀蓮花」(P.74)　1片葉片
「藍盆花」(P.68)　2朵花
3.5cm寬的緞面緞帶(粉紅色)　70cm
羊毛氈　厚(粉紅色)　3×5cm　1張

繡線材料&配色表

銀蓮花		
花朵	第1層DMC25號繡線	602(2)
	第2層DMC25號繡線	601(2)
	第3層DMC25號繡線	601(2)
	第4層DMC25號繡線	600(2)
	第5層DMC25號繡線	600(1)
葉片	DMC25號繡線	3813(2)
	葉 脈DMC25號繡線	503(1)

藍盆花		A	B
花瓣	第1層DMC25號繡線	333(1)	3689(1)
花蕊	上 面DMC25號繡線	333(1)＋	3689(1)＋
	DMC25號繡線	3865(1)	3865(1)
	側 面DMC25號繡線	333(2)	3689(2)

＊(　)內為絲線股數

製作方式

1　製作1朵「銀蓮花」的花朵及其葉片1片、製作2朵「藍盆花」的花朵。

2　在緞帶中央的背面黏上不織布,以手工藝用黏膠輕輕固定住。接下來以「銀蓮花」的花朵為中心,一邊觀察整體平衡,一邊將步驟1的材料都縫在緞帶正面上(參考P.87)。

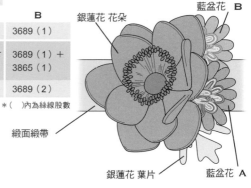

藍盆花 **B**
銀蓮花 花朵
緞面緞帶
銀蓮花 葉片
藍盆花 A

EARRING
慰藉
PAGE 31

材料

「雪花蓮」(P.62)　2朵花
棉真珠(6mm)　2個
大圓珠(綠色)　2個
耳環用金屬零件(金色)　1對
9字針(1.5cm／金色)　2支

製作方式

1　花＝製作兩朵「雪花蓮」,並將花萼換成棉珍珠、內側的珠子換成大圓珠。組合花朵的時候不使用鐵絲,改用絲線,直接固定在9字針上。

2　以鑷子將9字針另一端彎折起來,固定在耳環用金屬零件上。另一朵也進行相同的處理步驟。

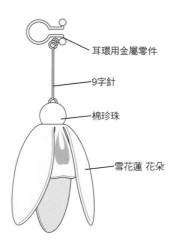

耳環用金屬零件
9字針
棉珍珠
雪花蓮 花朵

BROOCH

屏氣止息

PAGE 32

材料

「槲寄生」(P.80)　3支
包線鐵絲(白色)#30　適量
別針底座(2.5cm／銀色)　1個

繡線材料&配色表

葉片	第1層DMC25號繡線	3865(2)	
	第2層DMC25號繡線	3865(1)	
	第1層DMC緞面線	S5200(2)	
莖	第1層DMC25號繡線	3865(2)	

＊(　)內為絲線股數

製作方式

1　將包線鐵絲換成白色,製作3支「槲寄生」。分別使用與葉片相同顏色的絲線來纏繞葉莖。將三隻的高度錯開後綁在一起,再以絲線纏繞葉莖。

2　將別針底座以手工藝用黏膠固定在背面,並且再使用同色絲線纏繞樹枝及別針的底座。

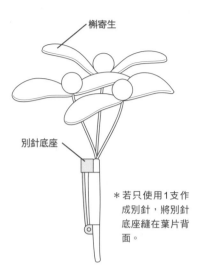

槲寄生

別針底座

＊若只使用1支作成別針,將別針底座縫在葉片背面。

OBIDOME

瑪丹娜

PAGE 33

材料

「山茶花」(P.83)　1朵花
「山茶花」(P.83)　1片葉片
木珠(12mm)　1個
珠鍊(0.5mm／金色)　15cm
帶留零件(金色)　1個
T字針(2cm／金色)　1支

繡線材料&配色表

花瓣	第1層DMC25號繡線	321(3)	
	第2層DMC25號繡線	321(2)	
	第3層DMC25號繡線	321(2)	
	第4層DMC25號繡線	321(1)	
葉片	第1層DMC25號繡線	500(3)	
	第2層DMC25號繡線	500(1)+ 890(1)	
	第3層DMC25號繡線	890(2)	
	葉脈DMC25號繡線	500(2)	

捲線珠	DMC25號繡線	321(3)
花樣	DMC diamant繡線	D3821(2)

＊(　)內為絲線股數

製作方式

1　製作1朵「山茶花」的花朵，及1片葉片。

2　製作捲線珠（P.57）。在木珠上纏繞好線以後，再使用金線分六等分纏繞珠子。

3　將T字針穿過珠子的孔洞，以鑷子在T字針前端彎折作成圓圈之後，連接到珠鍊上。

4　剪斷山茶花的花莖，將葉片及步驟3的零件縫在山茶花背面。使用手工藝用黏膠固定在帶留零件上。

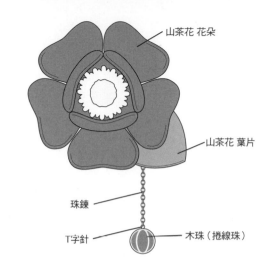

山茶花 花朵

山茶花 葉片

珠鍊

T字針　　木珠（捲線珠）

LARIAT
我的庭院
PAGE 34

材料

「洋甘菊」（P.64）　花朵　2朵
「洋甘菊」（P.64）　葉片　2個
「白粉蝶」（P.94）　1個
0.3cm寬的麂皮線（白色）　120cm

製作方式

1　製作2朵「洋甘菊」的花朵及2支葉片，另外製作1個「白粉蝶」。

2　花朵不必加上花莖，直接將花蕊縫在花瓣的正中央。背面各自縫上葉子。觀察整體平衡後，將所有零件以手工藝用黏膠固定在麂皮線上。

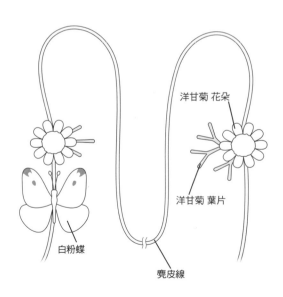

洋甘菊 花朵

洋甘菊 葉片

白粉蝶

麂皮線

CORSAGE

黎明

PAGE 35

材料

「鳶尾花」（P.65）　2朵花
「鳶尾花」（P.65）　3支葉片
「金合歡」（P.69）　1支花
別針底座（3cm／金色）　1個
0.3cm寬緞面緞帶（粉紅色）　50cm
＊緞帶可挑選個人喜愛的款式

繡線材料&配色表

	鳶尾花	黃色	紫色
花瓣 a	第1層DMC25號繡線	743（2）	208（2）
	第2層DMC25號繡線	743（2）	209（2）
	第3層DMC25號繡線	744（2）	210（2）
	第4層DMC25號繡線	745（2）	211（2）
	第5層DMC25號繡線	745（1）	211（1）
花瓣 b	第1層DMC25號繡線	743（2）	208（2）
	第2層DMC25號繡線	743（2）	209（2）
	第3層DMC25號繡線	744（2）	210（2）
	第4層DMC25號繡線	745（1）	211（1）
葉片	DMC25號繡線	895（4）	895（4）
	葉 脈 DMC25號繡線	369（1）	369（1）
莖	DMC25號繡線	743（4）	208（4）
	DMC25號繡線	369（4）	369（4）
	DMC25號繡線	895（4）	895（4）

＊金合歡的配色與P.69相同
＊（ ）內為絲線股數

製作方式

1　製作2朵「鳶尾花」的花朵及其葉片3支；並製作1支「金合歡」的花朵。

2　調整兩種花朵及葉片的平衡後綁起，將長度調整好之後，由下方算起3.5cm左右，使用與葉片同色的絲線，將花莖全部繞在一起。

3　將別針底座以手工藝用黏膠固定在背面，另外再使用相同的絲線把花莖及底座一起纏繞成同色。

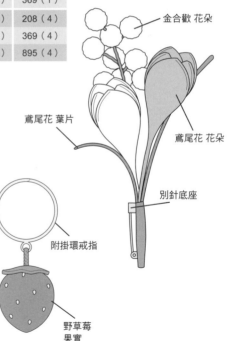

金合歡 花朵

鳶尾花 葉片

鳶尾花 花朵

別針底座

RING

僅此一次

PAGE 36

材料

「野草莓」（P.72）　1朵花
「野草莓」（P.72）　1個果實
附孔洞台座戒指（金色）　1個
附掛環戒指（金色）　1個

製作方式

1　製作1朵「野草莓」的花及1個果實。

2　花莖不要剪斷，縫到戒指的孔洞台座上之後嵌到戒指上。果實則將蒂頭穿過掛環綁好。

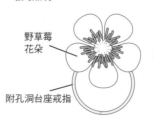

野草莓
花朵

附掛環戒指

附孔洞台座戒指

野草莓
果實

GARLAND
Primavera（春季）
PAGE 37

材料

「古典玫瑰」(P.58)　3朵花
「古典玫瑰」(P.58)　1朵花苞
「紫羅蘭」(P.63)　5朵花
與花同色的繡線　各30cm
2cm寬絲質緞面緞帶(粉紅色)
100～120cm

製作方式

1　製作3朵「古典玫瑰」的花朵(沒有花萼的)及1朵花苞；製作5朵「紫羅蘭」的花朵。

2　「紫羅蘭」不要加上花莖,將花蕊用的小圓珠直接縫在花朵中央。將花朵往正面中間對折,使花朵從後方捲起來。

3　使用每朵花各自同色絲線的雙線,將兩端打結後,縫在花朵的背面。
　　＊作品圖片當中是先將絲線編成鎖鍊形狀之後才作成掛環。

4　決定花朵各自擺放的位置後,綁在絲質緞帶上。可以將繡線從緞帶下方穿過去,把花套過繡線圈。

繡線材料&配色表

古典玫瑰		A	B	C	花苞
花瓣	第1層DMC25號繡線	3831（2）	761（2）	3716（2）	818（1）
	第2層DMC25號繡線	3832（2）	760（2）	962（2）	819（2）
	第3層DMC25號繡線	3833（2）	3712（2）	962（2）	3865（1）
	第4層DMC25號繡線	3326（1）	3328（1）	961（1）	3865（1）
花萼	DMC25號繡線				3363（2）
	紋路DMC25號繡線				3364（1）
莖	DMC25號繡線				3363（4）

紫羅蘭		A	B	C	D	E
花瓣a	第1層DMC25號繡線	3865（2）	819（2）	3865（2）	153（2）	819（2）
	第2層DMC25號繡線	3865（2）	818（2）	3865（2）	153（2）	819（2）
	第3層DMC25號繡線	819（1）	3326（1）	3865（1）	153（1）	963（1）
花瓣b	第1層DMC25號繡線	819（2）	3326（2）	153（2）	3835（2）	819（2）
	第2層DMC25號繡線	3865（2）	819（2）	153（2）	3836（2）	3865（2）
	第3層DMC25號繡線	3865（1）	818（1）	3836（1）	154（1）	963（1）
花瓣c	第1層DMC25號繡線	819（2）	3326（2）	3836（2）	3834（2）	963（2）
	第2層DMC25號繡線	819（2）	819（2）	3835（2）	3835（2）	3865（2）
	第3層DMC25號繡線	3865（1）	818（1）	154（1）	154（1）	963（1）
	第4層DMC25號繡線	742（1）	743（1）	743（1）	743（1）	742（1）
紋路	DMC25號繡線	154（1）	154（1）			154（1）

＊（　）內為絲線股數

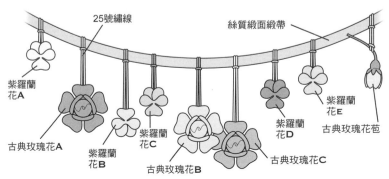

25號繡線　　　絲質緞面緞帶
紫羅蘭花A
紫羅蘭花E
古典玫瑰花苞
古典玫瑰花A
紫羅蘭花B
紫羅蘭花C
古典玫瑰花B
紫羅蘭花D
古典玫瑰花C

AND MORE...
小小的博物館展示
PAGE 38

白粉蝶

紋黃蝶

材料

◎白粉蝶、紋黃蝶　1隻
麻布 薄　15×15cm　2張
玫瑰花蕊　1支
不鏽鋼鐵絲#30　適量
包線鐵絲（白色）#28　6cm×3支
◎花金龜　1隻
麻布 薄　15×15cm　3張
小圓珠（虹彩色或黑色）　2個
不織布（深綠色又或黑色）
　5×5cm　2張
包線鐵絲（綠色）#30　3支

原寸圖案

＊除了特別指定之外，全部進行長短針繡
＊除了特別指定之外，全部使用雙線
＊紋黃蝶、花金龜B、C之配色請參考配色表

繡線材料&配色表

			白粉蝶	紋黃蝶
上段翅膀	第1層DMC25號繡線		3865（2）	3078（2）
	紋 路DMC25號繡線		3787（1）	3787（1）
下段翅膀	DMC25號繡線		3865（2）	3078（2）
身體	DMC25號繡線		453（1）	453（1）

花金龜		A	B	C
身體	DMC	緞面線 S367（2）	緞面線 S943（2）	25號繡線 3815（2）
翅膀	DMC	緞面線 S471（2）	緞面線 S995（2）	25號繡線 501（2）

＊（　）內為絲線股數

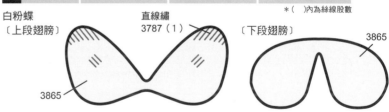

白粉蝶
〔上段翅膀〕　　　　直線繡
3787（1）

〔下段翅膀〕
3865

3865

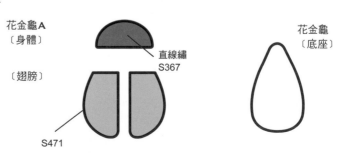

花金龜A
〔身體〕

直線繡
S367

〔翅膀〕

S471

花金龜
〔底座〕

花金龜A

花金龜B

花金龜C

製作方式
◎白粉蝶、紋黃蝶

1　使用釘線繡針法將不鏽鋼鐵絲沿著翅膀的輪廓，固定在麻布上，依照圖片指示刺繡花瓣。使用釦眼繡繡好翅膀輪廓之後，沿著翅膀形狀邊緣將翅膀剪下（P.44～P.48）。

2　將兩片翅膀的中心搭在一起後縫合。

3　製作身體。將3支包線鐵絲綁在一起，對折之後使用與身體相同顏色的絲線完整纏繞。

4　將玫瑰花蕊對折，將中央夾在步驟3當中身體前端凹折之處。將翅膀放上，縫合在身體背面。

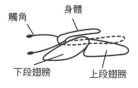

觸角　　身體

下段翅膀　　上段翅膀

◎花金龜

1　使用釘線繡針法將不鏽鋼鐵絲沿著翅膀的輪廓，固定在麻布上。

2　依照圖片刺繡翅膀及身體，使用釦眼繡繡好翅膀輪廓之後，沿著翅膀形狀邊緣將翅膀剪下（P.44～P.48）。將不織布剪成2片底座的形狀。

3　將身體及翅膀重疊約2mm左右，確定位置正確以後，將小圓珠各自穿進身體的2支鐵絲。

4　將2支身體的鐵絲及4支翅膀的鐵絲彎折成腳的形狀，翻過來放上不織布底座，將鐵絲各自依照圖片位置縫好。

5　將另一張不織布以手工藝品用黏膠貼在步驟4上。觀察腳的平衡度後剪斷為適當長度。

6　使用與翅膀同色的絲線，將底座的前端（頭部）以緞面繡繡滿。

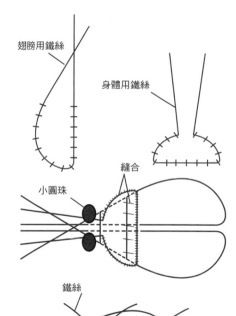

翅膀用鐵絲

身體用鐵絲

縫合

小圓珠

鐵絲

不織布（底座）

緞面繡（正面）

花境祕遊：立體花朵刺繡飾品集

作　　　　者／アトリエ Fil
譯　　　　者／黃詩婷
發　行　　人／詹慶和
執　行　編　輯／黃璟安
編　　　　輯／蔡毓玲・劉蕙寧・陳姿伶
執　行　美　編／周盈汝
美　術　編　輯／陳麗娜・韓欣恬
出　　　　版／雅書堂文化事業有限公司
發　　行　　者／雅書堂文化事業有限公司
郵政劃撥帳號／18225950
戶　　　　名／雅書堂文化事業有限公司
地　　　　址／220新北市板橋區板新路206號3樓
電　子　信　箱／elegant.books@msa.hinet.net
電　　　　話／(02)8952-4078
傳　　　　真／(02)8952-4084
電　子　郵　件／elegant.books@msa.hinet.net

2021年6月初版一刷　定價 380 元

"RITTAI SHISHU DE ORINASU,UTSUKUSHII HANABANA TO
ACCESSORY" by Atelier Fil Copyright © Atelier Fil 2017
All rights reserved.
First published in Japan by NIHONBUNGEISHA Co., Ltd.,Tokyo

This Traditional Chinese edition is published by arrangement with
NIHONBUNGEISHA Co.,
Ltd.,Tokyo in care of Tuttle-Mori Agency, Inc., Tokyo through Keio
Cultural Enterprise Co., Ltd., New Taipei City.
．．．
經銷／易可數位行銷股份有限公司
地址／新北市新店區寶橋路235巷6弄3號5樓
電話／(02)8911-0825
傳真／(02)8911-0801
．．．

國家圖書館出版品預行編目資料

花境祕遊：立體花朵刺繡飾品集／アトリエ Fil
著；黃詩婷譯. -- 初版. -- 新北市：雅書堂文化
事業有限公司, 2021.06
　　面；　公分. --（愛刺繡；27）
譯自：立体刺繍で織りなす、美しい花々とア
クセサリー
ISBN 978-986-302-589-4(平裝)
1. 刺繡 2. 手工藝

426.2　　　　　　　　　　　　　110007848

アトリエFil

清弘子、安井しづえ組成的團體。長年於法國學習刺繡，於2004
年成立アトリエ Fil後開始相關活動。將刺繡的花朵作成立體形狀
的手法，非常受到大眾歡迎。除了於各地教室或文化中心等地舉
辦課程以外，也在NHK"すてきにハンドメイド"等媒體、展覽會
上發表作品。著有<<花朵立體刺繡，ブティック社>>、<<立體刺
繡打造巴黎點心，主婦の友社>>等書。
https://www.atelier-fil.com/

《材料協力》
DMC
http://www.dmc.com

《協助攝影》
finestaRt
CARBOOTS

《原書製作團隊》
美術設計	飯塚文子
攝影	masaco
	天野憲仁（株式会社日本文芸社）
造型	鈴木亞希子
髮型	KOMAKI
模特兒	アナ・ウォルフ（Sugar＆Spice）
製圖	WADE手藝部、中央engineering株式会社
DTP	有限会社新榮企畫
編輯	株式会社3 season（土屋まり子）

THE SECRET GARDEN

THE SECRET GARDEN

THE SECRET GARDEN